微灌技术探索与创新

(文选)

张国祥　著

黄河水利出版社

·郑州·

图书在版编目(CIP)数据

微灌技术探索与创新(文选)/张国祥著. —郑州：黄河水利出版社,2012. 9

ISBN 978 - 7 - 5509 - 0362 - 3

Ⅰ. ①微… Ⅱ. ①张… Ⅲ. ①农田灌溉 - 节约用水 Ⅳ. ①S275

中国版本图书馆 CIP 数据核字(2012)第 230974 号

出 版 社:黄河水利出版社

地址:河南省郑州市顺河路黄委会综合楼14层　邮政编码:450003

发行单位:黄河水利出版社

发行部电话:0371 - 66026940、66020550、66028024、66022620(传真)

E-mail: hhslcbs@126. com

承印单位:河南地质彩色印刷厂

开本:890 mm×1240 mm　1/32

印张:4.5

字数:130 千字　　印数:1—1 500

版次:2012 年9月第1版　　印次:2012 年9月第1次印刷

定价:20.00 元

前言

1975年，墨西哥总统赠送给我国两套滴灌设备，一套放在河北省沙石峪，一套放在山西大寨，自此，中国有了滴灌。所以1975年可算是中国的微灌元年。1970年，原水电部海河设计院80余人(包括笔者)被下放到山西省长治市的漳泽水库，后被抽调到晋东南地区水利局工作。1977年，笔者接触到山西省水利科学研究所农田水利室副主任杜茂林，才第一次听到滴灌，并与滴灌结下了不解之缘，至今已有35年。

1981年初，笔者被调至山西省水利科学研究所从事滴灌技术的研究，经历过滴灌系统的设计，设备的选型与采购，大田移动式滴灌系统试点，等滴量滴灌系统的研究、设计、安装、现场测试，滴灌设备的开发，毛管的水力试验，地下滴灌试点和地下滴头出流能力的试验，以及微灌领域行业标准、国家标准的编写等实践。对微灌系统水力设计与计算方法做了较为深入的研究与探讨，研究并提出了有限孔数多孔管的水力计算方法和整套公式；在学习和使用滴灌设计方法的基础上，先后对由夏威夷大学吴义伯(I. Po. Wu)教授提出的设计方法、美国学者凯勒(Jack Keller)提出的设计方法进行了研究和提出了质疑，并为改进提出了新的建议。通过经验系数的方法建立起多孔管压力最大(或最小)孔的流量(或水头)与平均流量(或水头)、流量(或水头)偏差率之间的关系，在微灌水力设计中，首次使灌水小区进口水头的赋值有了合理的依据。上述水力设计计算方法经过长时间的试用，特别是经过新世纪以来新疆生产建设兵团设计院及各农业师设计院对大面积滴灌系统设计的实践，已经基本成熟。

我国微灌的行业规范(1995年)和国家规范(2009年)均采用了笔者建议的偏差率定义，而相关论文发表的时间比较早(19~29年前)，现特将部分论文整理修改后出版，以方便设计者和研究者了解方法与公式的来龙去脉，并熟练地按照规范要求进行设计或继续研究；也欢迎质疑与批评。

本书还收入了笔者近十年来对微灌技术领域若干问题的探讨论文和报告,以期后来者对微灌技术做更进一步的研究,期待着我国微灌技术获得更大的进步、微灌应用取得更大的效益。

新疆泓科节水设备制造有限公司对本书的出版给予了大力支持;新疆生产建设兵团设计院及兵团原水利局局长、高级工程师顾烈烽等,在促进上述成果的应用中作出了贡献;农业工程学报编辑部对本书的出版给予了许多的帮助,对此表示衷心的感谢!对山西省水利厅、原山西省水利科学研究所对笔者以往工作的支持深表感谢!

作　者

2012 年 7 月 2 日

目 录

多孔系数的一个近似计算公式

1 引言

在喷、滴灌设计中,常需计算多孔管的沿程水头损失;原始的计算方法,是将相邻孔口之间的管段作为一个计算段,逐段计算,然后相加。20 世纪 40 年代,克里斯琴森提出以与多孔管的糙率、长度、内径、进口流量相同的无旁孔管(称为相关管)的沿程水头损失乘以多孔系数的计算方法,此方法简化了计算,为人们所广泛采用。在喷、微灌工程中,等间距、各孔等流量(或可近似看作等流量)的多孔管最为常见。因此,这种情况下的多孔系数应用最普遍。

管道的沿程水头损失计算公式为

$$\Delta h_f = fQ^m L/d^b \tag{1}$$

式中:Δh_f 为沿程水头损失;Q 为管道流量;L 为管长;f 为沿程水头损失系数;d 为管道内径;m 为流量指数;b 为管径指数。

图 1 所示为等孔距、等流量多孔管 AB 和相关管 A_1B_1;显然有

$$L = (N-1)S + S_N \tag{2}$$

$$Q = Nq \tag{3}$$

式中:N 为多孔管的总孔数;其余符号意义见图 1 所示。

按逆流向对各孔口与孔间管段编号:下游末端孔口为第 1 号,上游首孔为第 N 号;第 1 号、2 号孔之间的管段为 1 号管段,以此向上游排序,多孔管的进口管段编为第 N 号。逐段计算沿程水头损失并叠加,可得 AB 管的沿程水头损失 ΔH_f 为

$$\Delta H_f = \sum_{j=1}^{N} \Delta h_j = \frac{fq^m S}{d^b}\left[1^m + 2^m + \cdots + (N-2)^m + (N-1)^m + \frac{N^m S_N}{S}\right]$$

注:本文原发表于《排灌机械》1983 年第 2 期,本次有修改。

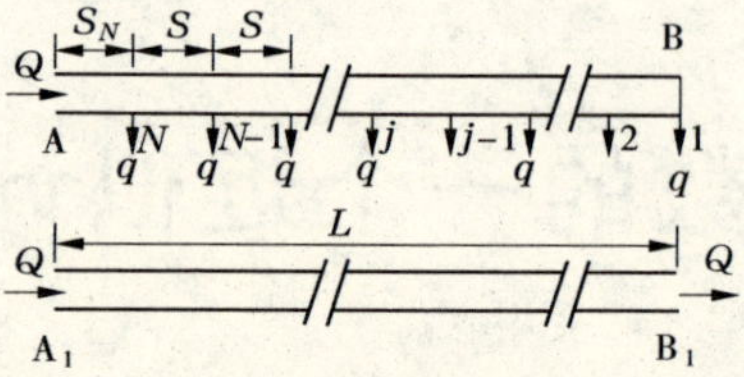

图 1　多孔管 AB 和相关管 A_1B_1

$$= \frac{fN(Nq)^m S}{d^b} \cdot \frac{1}{N^{m+1}}\left[1^m + 2^m + 3^m + \cdots + (N-1)^m + \frac{N^m S_N}{S}\right]$$

$$= \frac{fNQ^m S}{N^{m+1} d^b}\left[\sum_{j=1}^{N-1} j^m + \frac{N^m S_N}{S}\right] \tag{4}$$

式中：j 为从下游末端算起的孔口编号和管段编号；Δh_j 为第 j 管段的沿程水头损失。

2　$S_N = S$ 的情况

$S_N = S$ 时 AB 管为全等距、等量多孔管，此时管长 $L = NS$，式(4)可简化为

$$\Delta H_f = \frac{fQ^m L}{d^b} \cdot \frac{1}{N^{m+1}} \sum_{j=1}^{N} j^m \tag{4'}$$

相关管 A_1B_1 的沿程水头损失为

$$\Delta H'_f = \frac{fQ^m}{d^b} L \tag{5}$$

令

$$\Delta H_f = \Delta H'_f C_N$$

则

$$C_N = \frac{1}{N^{m+1}} \sum_{j=1}^{N} j^m \tag{6}$$

式中：C_N为全等距、等量多孔管的多孔系数。

当 $m = 1$ 或 $m = 2$ 时，式(6)中的数列有求和公式，即

$$C_N = (N+1)/(2N) \qquad (m = 1) \tag{6'}$$

$$C_N = [(N+1)(2N+1)]/(6N+1) \qquad (m=2) \qquad (6'')$$

当 m 为其他值时，无求和公式。按式(6)计算多孔系数，需计算 N 项之和，可以看出：

(1)微灌多孔管的孔数比较多(常在百孔以上)，所以是很麻烦的。

(2)C_N 是流量指数 m 和孔数 N 的函数，由于管道材质不尽相同、流态各异，沿程水头损失公式中的 m 值也各不相同，更增加了计算工作量。

顺便指出，目前我国滴灌界在水力计算中，广泛使用水利水电科学研究院提出的《每米长塑料管水头损失图(四张)》来计算相关管的沿程水头损失，然后乘以 $m=2$ 的多孔系数，作为多孔管的沿程水头损失。其计算是方便的，但多孔系数的取用是错误的。文献[1]提出的曲线图，是由穆迪图查取沿程阻力系数 f，代入达西-韦斯巴赫(Dacy-Weisbach)公式，得 $\dfrac{\Delta H_f}{L} = \dfrac{f}{d} \cdot \dfrac{v^2}{2g}$，计算某一水温、某一管径的沿程水头损失比降与流量的关系，然后以管径、水温为参变数，在双对数坐标上点绘出此关系线组。给人的印象似乎是沿程水头损失比降与流速的平方成正比(即 $\Delta H_f/L \sim v^2$)，误认为 $m=2$，实际上由穆迪图反映的 f 值中已包含 v^{-k}，所以正确的关系应是 $\Delta H_f/L \sim v^{2-k}$，即 $m=2-k$；勃拉修斯(Blassius)公式中 $k=0.25$，故 $m=1.75$。当 $N=100$ 时，原多孔系数($m=1.75$)偏小 8.2%，导致按文献[1]计算的沿程损失偏小 8.2%。故今后若使用该图，应采用 $m=1.75$ 的多孔系数。

目前，全等距、等量多孔管的多孔系数近似公式有 2 个，即

克里斯琴森公式

$$C_N = \frac{1}{m+1} + \frac{1}{2N} + \frac{\sqrt{m-1}}{6N^2} \qquad (7)$$

施均亮公式

$$C_N = \frac{1}{m+1} + \frac{1}{2N} + \frac{m}{12N^2} \qquad (8)$$

两式基本相同，均使计算工作更为简便。但两式均为三项和式，在与其他因子相乘时不能约简，在分析多孔管沿程水头变化、总结和归纳水力

计算规律中深感不便，也使计算中离不开多孔系数表。笔者推求的近似公式似可弥补上述不足。

图1所示管AB，当 $S_N = S$ 时，为全等距、等量多孔管，其第 j 号管段的沿程水头损失为

$$\Delta h_j = fS(jq)^m / d^b = I_j S \tag{9}$$

$$I_j = f(jq)^m / d^b \tag{10}$$

式中：Δh_j 为第 j 号管段的沿程水头损失；I_j 为第 j 号管段的沿程水头损失比降，在每一管段上，其沿程水头损失比降为常量。

AB管的沿程水头损失可表示为

$$\Delta H_f = \sum_{j=1}^{N} \Delta h_j = S \cdot \sum_{j=1}^{N-1} I_j + I_N S_N \tag{11}$$

画出 $I_j \sim j$ 曲线，见图2中线1（阶梯线）。对照式(10)可见：ΔH_f 即为图2中的线1与水平坐标轴之间的面积乘以 S。显然，可以构造一个连续函数，使它通过线1的每一个阶梯，且与线1水平段的交点距阶梯上游边皆为 a，如图2中曲线2。用曲线2与孔号轴之间的面积来近似线1与孔号轴之间的面积。

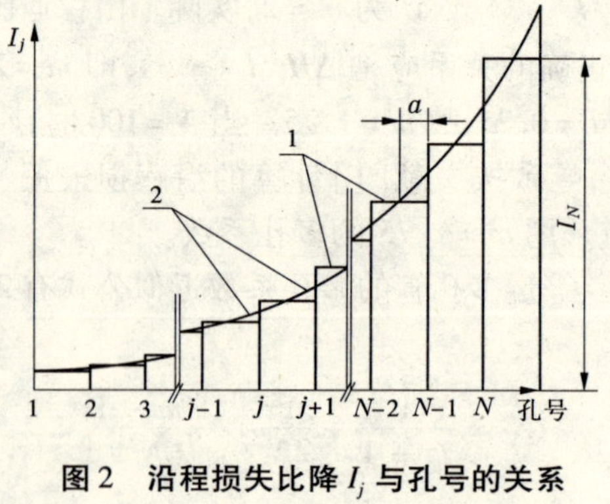

图2 沿程损失比降 I_j 与孔号的关系

曲线2的方程为

$$I'_j = f[(j-1+a)q]^m / d^b \tag{10'}$$

当 $S_N = S$ 时，线2与水平（即孔号）轴之间的面积为 ω，即

$$\omega = \int_1^{N+1} I'_j \cdot \mathrm{d}j = \int_1^{N+1} fq^m (j - 1 + a)^m / d^b \cdot \mathrm{d}j$$

$$= \frac{fq^m}{d^b} \cdot \frac{(N + a)^{m+1} - a^{m+1}}{m + 1}$$

AB 管的沿程水头损失为

$$\Delta H_f = \omega S = \frac{fq^m S}{d^b} \cdot \frac{(N + a)^{m+1} - a^{m+1}}{m + 1} \tag{11'}$$

除以式(5),并注意到:$Q = Nq$、$L = NS$,可得

$$C_N = \frac{1}{m + 1} \cdot \frac{(N + a)^{m+1} - a^{m+1}}{N^{m+1}} \tag{12}$$

为照顾到 N 较小时多孔系数也有足够的精度,在 $N = 3$ 时要求式(6)与式(12)相等,即

$$\frac{1}{m + 1} \cdot \frac{(3 + a)^{m+1} - a^{m+1}}{3^{m+1}} = \frac{3^m + 2^m + 1}{3^{m+1}}$$

求得当 $m = 1.6 \sim 2.0$ 范围的 a 值,列于表 1。取 $a = 0.48$,得到

$$C_N = \frac{1}{m + 1} \cdot \frac{(N + 0.48)^{m+1} - 0.48^{m+1}}{N^{m+1}} \tag{12'}$$

当 $m \geqslant 3$ 时,可简化为

$$C_N = \frac{1}{m + 1} \cdot \frac{(N + 0.48)^{m+1}}{N^{m+1}} \tag{12''}$$

表 1　不同 m 的 a 值

m	1.6	1.7	1.8	1.9	2.0
a	0.486 4	0.484 4	0.482	0.480	0.479

式(12′)即为本文得到的多孔系数近似公式。把按式(6)计算的结果称为准确值,式(12′)的计算值为近似值,结果对比列于表 2,从表中可以看出,已有足够的实用精度。

将式(12′)乘以式(5)并约简,可得到全等距、等量多孔管沿程水头损失计算的新算式为

$$\Delta H_f = \frac{fSq^m}{d^b} \cdot \frac{(N + 0.48)^{m+1}}{m + 1} \qquad (m \geqslant 3) \tag{13}$$

可以不再需要多孔系数表,直接计算多孔管的沿程水头损失;且使多孔管沿程水头损失计算公式得到简化,初步体会这一近似算式的优点。

表2　C_N 近似值与精确值的比较

N	$m=1.75$			$m=1.8$			$m=2$		
	准确值	近似值	δ(%)	准确值	近似值	δ(%)	准确值	近似值	δ(%)
2	0.649	0.650	0.15	0.644	0.645	0.16	0.625	0.631	0.96
3	0.546	0.547	0.18	0.540	0.541	0.19	0.519	0.520	0.19
4	0.498	0.497	0.20	0.491	0.491	0	0.469	0.468	0.21
5	0.469	0.468	0.21	0.463	0.462	0.22	0.440	0.439	0.23
6	0.451	0.449	0.44	0.445	0.443	0.45	0.421	0.420	0.24
7	0.438	0.436	0.46	0.432	0.430	0.46	0.408	0.407	0.25
8	0.428	0.427	0.23	0.422	0.420	0.47	0.398	0.397	0.25
9	0.421	0.419	0.47	0.415	0.413	0.48	0.391	0.390	0.26
10	0.415	0.414	0.24	0.409	0.407	0.49	0.385	0.384	0.26
15	0.398	0.397	0.25	0.391	0.390	0.26	0.367	0.366	0.27
20	0.389	0.388	0.26	0.383	0.382	0.26	0.359	0.358	0.28
50	0.374	0.373	0.27	0.367	0.367	0	0.343	0.343	0
100	0.369	0.368	0.27	0.362	0.362	0	0.338	0.338	0
∞	0.364	0.364	0	0.357	0.357	0	0.333	0.333	0

3　$S_N \neq S$ 的情况

可由下式计算多孔系数(详见文献[2]),则

$$C'_N = \frac{NC_N + X - 1}{N + X - 1} \tag{14}$$

式中:C'_N 为 $S_N \neq S$ 时的多孔系数;$X = S_N/S$;C_N为全等距、等量多孔管

的多孔系数。

4 结论

本文通过积分作近似计算的途径，推求出全等距、等量多孔管多孔系数的近似公式为

$$C_N = \frac{1}{m+1} \cdot \frac{(N+0.48)^{m+1} - 0.48^{m+1}}{N^{m+1}} \qquad (N \geqslant 2)$$

当 $N \geqslant 3$ 时，可简化为

$$C_N = \frac{1}{m+1} \cdot \frac{(N+0.48)^{m+1}}{N^{m+1}}$$

经计算对比，本近似公式有足够的实用精度，且更便于多孔管水力计算的解析化。

参考文献

[1] 邱为铎. 移动式滴灌系统简易设计方法[J]. 水利水电技术，1978(3).

[2] 施均亮，等. 多孔管的多口系数计算公式[J].《喷灌》专辑，1981.

微灌毛管水力学研究

1 引言

毛管是微灌系统的末级管道，分布于受灌田面或地下，量多而面广，在系统投资中占据相当比例。毛管设计的优与劣，不仅影响系统的投资和运行费用，而且对运行质量也有显著影响。因此，在微灌系统的水力设计中，毛管部分占据着重要的地位，内容也最为丰富。

毛管水力学是支、毛管水力设计的理论基础，它研究多孔管各水力特征量之间的关系和变化规律，在微灌技术研究中占有重要的地位，历来受到微灌工作者的重视。美国夏威夷大学吴义伯教授于 1981 年到中国讲学，带来了他从事滴灌研究的丰硕成果，对我国微灌技术的起步有重大影响。吴教授的毛管水力学成果中，实际上有三个假定：其一，忽略毛管内的流速水头及其沿程变化，亦即忽略测管水头线与总水头线的差别；其二，按毛管进口管段的流态来选择沿程水头损失计算公式，忽略毛管前部与尾部流态可能不同的影响；其三，把沿毛管长度离散分布的孔口简化为连续分布，即视孔距为零、孔数为无穷多，此时沿程水头损失线是一条光滑的指数曲线，如图 1 所示。这一假定实际上是把毛管看做断面如图 1 中剖面 1—1 所示的缝隙管，笔者简称其为缝隙式（或无限孔数）毛管水力学。

由于毛管进口段的流速一般在 1.5 m/s 以下，很少达到 2.0 m/s，其流速水头仅占灌水器工作水头的 2% 以内；毛管前部一般为光滑管紊流，忽略毛管末端处于层流的影响，水头损失计算误差仅在 0.4% 左右。所以，前两点假定是合理的。缝隙管的假定，对于单孔流量小、孔

注：本文原发表于《喷灌技术》1990 年第 2 期，本次删去了除 $m=1.75$（勃拉修斯公式）外的内容，并有修改和细化。

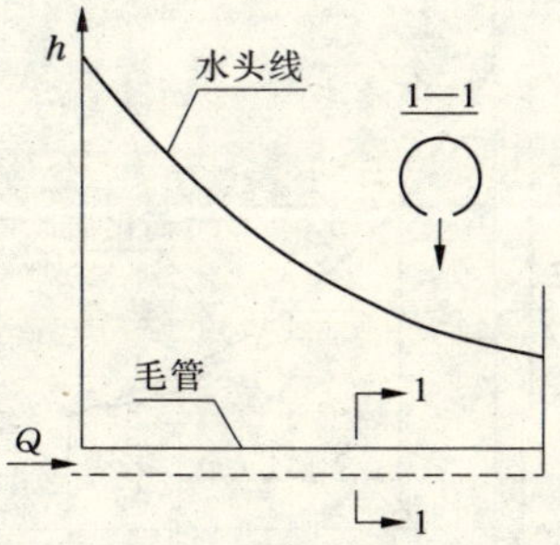

图1　缝隙管的水头线

数多、孔距小的毛管，是可以接受的；对于流量大、孔数少（如 20 以内）、孔距大的多孔管，误差将可能超过5%。

本研究仍沿用前两个假定，但放弃缝隙管的假定，按毛管为有限孔数、离散分布的实际情况建立计算图形，并据此导出均匀坡多孔管各特征量的解析公式，可简称为有限孔数毛管水力学。

2　毛管总水头损失线线型

2.1　实际线型

微灌毛管孔间管段的流量为常数，当毛管的内径也为常数时，管段内水力比降为常数。因此，孔间管段的损失水头线为直线，又因流量逐段减小，损失水头线沿流向越来越向水平线趋近。在每个孔口处，由于连接件和分流的影响，将产生局部水头损失；因孔口尺寸相对于孔距 S 很微小，局部水头损失在水头线上反映出来的是在每个孔口处有一水头跌落；又因毛管上游的流速水头大于下游，故上游孔跌落大于下游孔跌落；实际的损失水头线如图 2 中的实际线所示（注意：孔与孔间管段均按逆流向排序，后文均同）。

2.2　简化线型

人们关心的是孔口处的水头值，孔间管段上的水头值对灌水质量无影响。由此，可提出假定并将实际线型简化。参见图 2，假定每个孔的局部水头损失与其下游管段的沿程水头损失之比为常数，即

$$e_{j+1}/\Delta h_j = k \quad (j = 1,2,\cdots,N) \tag{1}$$

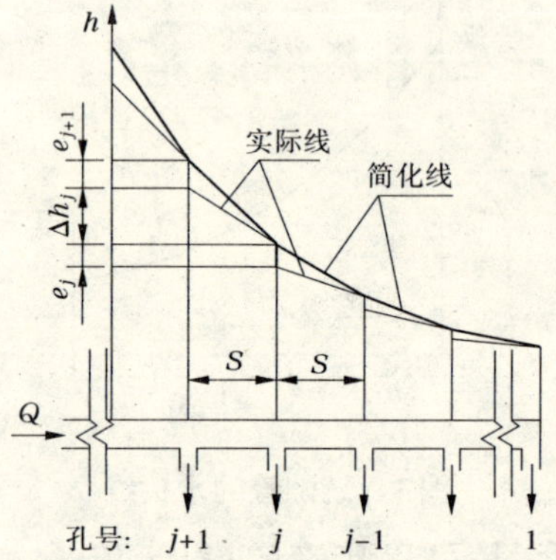

图 2　多孔管总水头损失线线型

需要说明的是:

(1)前式中采用某孔与其下游管段的量来定义,等于计入了毛管进口的局部水头损失,忽略了下游末孔的局部水头损失,这样计算精度较高。

(2)毛管除进口段外,其余各管段的长度是相等的,但毛管从 1 号孔至 N 号孔(为全等距多孔管)的沿程水头损失为

$$\Delta h_f = \sum_{j=1}^{N-1} \Delta h_j$$

从 2 号孔至 N 号孔的局部水头损失为

$$\Delta h_w = \sum_{j=2}^{N} e_j = k \sum_{j=1}^{N-1} \Delta h_j$$

从 1 号孔至 N 号孔的总水头损失为

$$\Delta h = \Delta h_f + \Delta h_w = (k+1) \sum_{j=1}^{N-1} \Delta h_j = K \sum_{j=1}^{N-1} \Delta h_j$$

所以,对于进口段(第 N 管段)以外的多孔管,总损失扩大系数为

$$K = 1 + k \tag{2}$$

(3)由于管段的沿程水头损失与管段长度成正比,但毛管进口段长度(S_N)常小于孔间距(S),故对于毛管进口段,根据式(1)应有 $k = \dfrac{e_{N+1}}{\Delta h_N} \cdot \dfrac{S_N}{S}$,可推得第 N 管段的总损失(含进口局部水头损失)扩大系数

应为

$$K_N = 1 + kS/S_N \tag{2'}$$

式中：K 为全等距多孔管的总损失扩大系数；K_N 为多孔管进口段的总损失扩大系数；e_{j+1}为第$j+1$号孔口的局部水头损失，m；Δh_j为第j号管段的沿程水头损失，m；N 为毛管上孔的总数；e_{N+1}为毛管进口的局部水头损失，m；Δh_N 为第N管段（即毛管进口段）的沿程水头损失，m。

以各孔口实际总损失水头线的最高点来表征该孔口水头线高程，并把其相连（如图 2 中的简化线），来代表实际的总损失水头线；它是一条以各孔口实际水头线高点为折点的多段折线（后文中将其简称为水头线，这是本文讨论的基础），每段折线的斜率即为各管段总水头损失的水力比降，除进口段外，有

$$I_j = K \cdot \Delta h_j / S \tag{3}$$

式中：I_j 为第j管段的水力比降；S 为管段长度，m；其余符号意义同前。

由于毛管各管段的流量是从下游往上游逐段增大的，故总水头损失线的水力比降 I_j 是随着管段编号的增大而增大的。

需要说明的是：每个孔口（包括毛管进口）的局部水头损失与孔的工作水头的比值是很小的，如毛管进口段流量为 1 000 L/h，毛管内径为 15.6 mm，管段长度为 1 m，管段沿程水头损失为 0.19 m，按 20% 估算局部水头损失仅为 3.8 cm；如孔的工作水头为 4 m，比值不足 1%。因此，用孔口实际水头线的最高点连线作为简化线，对孔口出流的影响是可以忽略的，这样做，可使简化线与局部水头损失计算的做法一致。

3 均匀坡（坡降为 J）毛管水头的分布特点

众所周知，总损失水头线与毛管轴线的高差，便是管内的压力水头；水头线各折点与对应孔的高程差，是各出流孔（即灌水器）的工作水头值。取出第j管段示于图3，显然有：当 $J < I_j$ 时，则 $h_{j+1} > h_j$；当 $J = I_j$ 时，则 $h_{j+1} = h_j$；当 $J > I_j$ 时，则 $h_{j+1} < h_j$。其中，h_j、h_{j+1} 分别为 j、$j+1$ 号孔的压力水头，m。因此，可通过地形坡降与管段水力比降的比值来

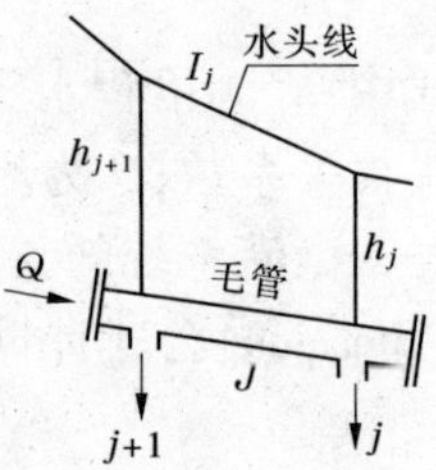

图 3　j 管段水头分布

分析毛管压力水头的分布特点，为此本文定义：将沿毛管的地形坡降 J（顺流向下为正，反之为负；后文均同）与毛管最下游管段的（1 号管段）总水头损失水力比降 I_1 的比值，称为降比，以 r 表示，即：$r = J/I_1$。

3.1 $r<1$ 时毛管的水头分布

由于 $J<I_1$，不言而喻，各孔口压力水头的分布为：自上游往下游逐渐减小，最大压力孔为第 N 号孔（即上游首孔），最小压力孔为第 1 号孔（即下游末孔）。

3.2 $r=1$ 时毛管的水头分布

最下游管段（1 号管段）的地形坡降与水力坡降相等，说明 1 号管段的两端孔（1 号孔与 2 号孔）的水头相等，而其他管段的水力比降皆大于地形坡降。故各孔口压力水头的分布为：自上游往下游逐渐减小，最大压力孔为第 N 号，最小压力孔为第 1、2 号孔。

3.3 $r>1$ 时毛管的水头分布

此时恒有 $h_1>h_2$，且随着 r 值的加大，最小压力孔号将向上游移动；最大压力孔号可能为 1 号或 N 号，需根据具体条件判定（见后文）。

4 毛管总水头损失的计算方法

微灌毛管是多孔出流管。除进口段长度为 S_N 外，其余管段长度均为 S（孔距），称为等距多孔管；将进口段除外，毛管从 1 号孔与 N 号孔之间的部分便是全等距多孔管。

4.1 无旁孔出流管总水头损失计算的基本公式

无旁孔出流的常规管道，其沿程水头损失计算通式为

$$h_f = fQ^m L/d^b \tag{4}$$

式中：h_f 为沿程水头损失，m；m 为流量指数；b 为管径指数；f 为沿程水头损失系数；Q 为流量；d 为管内径，mm；L 为管长，m。

微灌系统的支、毛管常为聚乙烯管，其沿程水头损失按勃拉修斯（Blassius）公式计算，则

$$h_f = fQ^{1.75} L/d^{4.75} \tag{4'}$$

式中：f 为沿程损失系数，当 $d>8$ mm、水温为 10 ℃时，$f=0.505$；Q 为流量，L/h；其余符号意义同式（4）。

4.2　多孔管总水头损失的详算法

详算法的计算图形如图 4 所示，因各孔口流量、水头均为未知数，需经试算逐步逼近。从本节开始，以 Δh_j 表示 j 管段的总水头损失。基本公式有：

j 号孔口的出流关系

$$q_j = c \cdot h_j^x \tag{5}$$

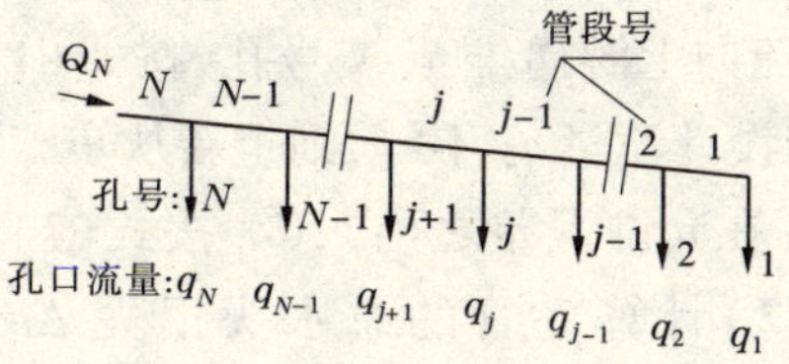

图 4　总水头损失计算图

j 管段的总水头损失

$$\Delta h_j = KfQ_j^{1.75}S/d^{4.75} \tag{6}$$

进口管段总水头损失

$$\Delta h_N = K_N f Q_N^{1.75} S_N/d^{4.75} \tag{7}$$

相邻孔水头关系

$$h_{j+1} = h_j + \Delta h_j - JS \tag{8}$$

毛管进口水头

$$h_0 = h_N + \Delta h_N - JS_N \tag{9}$$

j 管段的流量

$$Q_j = \sum_{i=1}^{j} q_i \tag{10}$$

孔口的平均流量

$$q_a = \frac{1}{N}\sum_{j=1}^{N} q_j \tag{11}$$

毛管总水头损失

$$\Delta h = \sum_{j=1}^{N-1} \Delta h_j + \Delta h_N \tag{12}$$

以上式中：q_j 为第 j 号孔口的流量，L/h；h_j 为第 j 号孔口的水头，m；c 为常数；K 为全等距多孔管的总损失扩大系数；K_N 为进口段的总损失扩大系数，见式(2′)；h_0 为毛管进口水头，m；q_i 为第 i 号孔口的流量，L/h。

计算步骤为：① 假定 1 号（即下游末端）孔的水头为 h_1，由式(5)计算该孔流量 q_1；② 由式(10)计算 1 号管段的流量 Q_1，由式(6)计算 Δh_2；③ 由式(8)计算 2 号孔水头 h_2，由式(5)计算 q_2；④ 重复第②、③步骤，从 1 号孔逆流向上游递推至 N 号孔，按式(11)计算各孔流量的平均值 q_a，若 q_a 与设计流量 q_d 不等，则重新从步骤①设定 h_1 开始重新递推，直到 $q_a = q_d$（在允许误差之内）；⑤ 按式(7)计算进口段总水头损失 Δh_N，按式(12)计算毛管的总水头损失 Δh，毛管进口水头由式(9)计算。

逆流递推法所用的假定最少，毛管各孔及进口的水力特征量均可获得，能满足各种计算任务的需要；但计算工作量大，需要利用计算机来完成。

4.3 等距等量多孔管总水头损失的简化算法

除进口段（第 N 管段）外，其余管段的长度（孔距）均相等、各孔口出流量均相同的多孔管称为等距等量多孔管。

4.3.1 等量出流假定

严格地讲，微灌毛管各孔口流量是有差别的，不是等量出流。但是在下列三种情况下，即：采用高补偿性能灌水器的毛管、流量偏差率被限制在较小（如 $q_v < 0.2$）范围内的毛管以及按等滴量原则设计的毛管，可以按等量出流来计算总水头损失，其误差是可以接受的。在各孔口出流量相等的假定下，微灌毛管自 1 号孔至 N 号孔之间的部分即为 $N-1$ 个孔口的全等距等量多孔管。应该指出，吴义伯教授的缝隙式毛管水力学也采用了等量出流假定。

4.3.2 全等距等量多孔管的多孔系数解析公式

引用式(4)并参见图 3，各管段均有

$$I_{jf} = fQ_j^m / d^b = f(jq_a)^m / d^b$$

式中：I_{jf}为第 j 号管段的沿程水头损失线比降；其余符号意义同前。

显然，全等距等量多孔管的沿程水头损失为 $\Delta h_f = S \cdot \sum_{j=1}^{N} I_{jf} = fSq_a^m \sum_{j=1}^{N} j^m / d^b$，做近似计算得 $\sum_{j=1}^{N} j^m = \frac{(N+0.48)^{m+1}}{m+1}$（适用于 $N \geqslant 3$），代入前式，得到全等距等量多孔管的沿程水头损失公式为

$$\Delta h_f = \frac{fSq_a^m}{d^b} \cdot \frac{(N+0.48)^{m+1}}{m+1} \quad (N \geqslant 3) \tag{13}$$

因与毛管等长、等径、进口流量相等的无旁孔分流管道的沿程水头损失为 $\Delta h_f' = fNS(Nq_a)^m / d^b = fSq_a^m N^{m+1} / d^b$，与式(13)比较，可得多孔系数 C_N 的通式为

$$C_N = \frac{1}{m+1}\left(\frac{N+0.48}{N}\right)^{m+1} \quad (N \geqslant 3) \tag{14}$$

对于勃拉修斯(Blassius)公式的多孔系数为

$$C_N = \frac{1}{2.75}\left(\frac{N+0.48}{N}\right)^{2.75} \quad (N \geqslant 3) \tag{14'}$$

应该指出：在多孔管的计算中，笔者导出的 C_N 算式，具有克里斯琴森公式和施钧亮公式无法替代的优点。

4.3.3　毛管总水头损失计算

(1)参见图5，各孔口流量的平均值为

$$q_a = Q/N$$

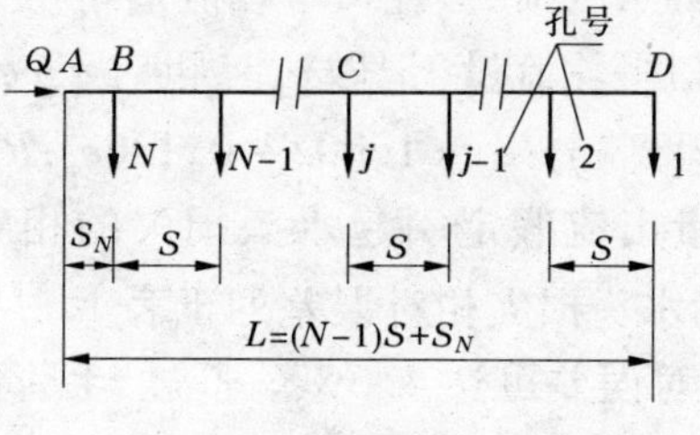

图5　总损失简化法计算图

(2)BD 段的总水头损失计算（式中的下标表示计算管段）。BD 段为 $N-1$ 孔的全等距等量多孔管，可得

$$\Delta h_{BD} = \frac{KfSq_a^{1.75}}{d^{4.75}} \cdot \frac{(N-0.52)^{2.75}}{2.75} \tag{15}$$

(3)*BC* 段的总水头损失计算。因 *C* 点末端有出流,故不能直接使用式(14′),应用 *BD* 段与 *CD* 段之差来计算,可得

$$\Delta h_{BC} = \Delta h_{BD} - \Delta h_{CD} = \frac{KfSq_a^{1.75}}{d^{4.75}}\left[\frac{(N-0.52)^{2.75} - (j-0.52)^{2.75}}{2.75}\right] \tag{16}$$

(4)毛管全长的总水头损失计算。因进口段长度与其他管段不等,应采用第 *N*(进口)管段与 *BD* 段之和来计算,可得

$$\Delta h_{AD} = \Delta h_{BD} + \Delta h_N = \frac{KfSq_a^{1.75}}{d^{4.75}}\left[\frac{(N-0.52)^{2.75}}{2.75}\right] + \frac{K_N f S_N (Nq_a)^{1.75}}{d^{4.75}} \tag{17}$$

式中:K_N 见式(2′);S_N 为第 *N* 号管段(即进口段)的长度,m。

4.3.4 等量出流假定的影响

众所周知,毛管上的孔口流量与孔口水头成正相关,除使用高补偿性能滴头和等滴量滴灌系统的毛管外,等量出流假定会使水头损失计算产生误差。为了看清影响并考虑修正,笔者用逆流递推逐步逼近法(即详算法)计算了四种灌水器:在水头指数 $x=0.49 \sim 0.762$,$q=3.79 \sim 40.98$ L/h,毛管坡度 $J=-0.05 \sim 0.05$,流量偏差率 $q_v=0.08 \sim 0.30$ 的情况下计算毛管的水头损失、孔口平均流量 q_a 及 q_v,然后,按式(13)由水头损失计算孔口平均流量(记做 q_w),再对 q_w/q_a 与 q_v 进行回归分析(共 332 组数),得到:$q_w/q_a=1.002-0.136q_v$;$R^2=0.965$。参照式(13),可推得因等量出流假定引起水头损失的相对误差为:$1-(q_w/q_a)^{1.75}$;不同 q_v 时的水头损失相对误差列于表 1。从表中可见,当 $q_v=0.2$ 时,水头损失相对误差可达 4.6%。不过,毛管的水头损失一般小于 q_a 所对应的水头 h_a,所以水头损失对于 h_a 的相对误差比表 1 小,如坡度 $J=0$ 时,水头损失小于 $0.4h_a$,由等量出流假定导致孔口水头相对于 h_a 的误差将小于 1.84%。一般毛管的流量偏差率不大于 0.1,所以相对于 h_a 的误差将小于 1%,一般情况下可不考虑修正。当计算精度要求更高时,可考虑修正,此时式(13)应为

$$\Delta h = \beta \frac{KfSq_a^{1.75}}{d^{4.75}} \cdot \frac{(N+0.48)^{2.75}}{2.75} \qquad (N \geqslant 3) \qquad (18)$$

表 1　水头损失相对误差

q_v	0.10	0.12	0.15	0.20	0.30
水头损失相对误差	0.021	0.026	0.033	0.046	0.072

式中:β 为水头损失修正系数,$\beta = (1.002 - 0.136\, q_v)^{1.75}$。为既有一定精度,又简化计算,建议 β 根据 q_v 按表 2 中值取用。

表 2　修正系数 β 值

q_v	β
<0.05	1.00
0.05~0.09	0.99
0.10~0.23	0.97

需要指出的是:当毛管的降比很大,致最大压力孔号为 1(下游末孔)时,上述修正只能加大误差,故不再适用。

4.3.5　降比、压比的计算公式

降比的实用计算公式为

$$r = \frac{Jd^{4.75}}{Kfq_a^{1.75}} \qquad (19)$$

定义:压比 G 为毛管第 1 管段的总水头损失与 h_a 的比值,即

$$G = \frac{KfSq_a^{1.75}}{h_a d^{4.75}} \qquad (20)$$

5　均匀坡毛管各水力特征量的实用计算公式

均匀坡是指毛管管轴线的坡度是均匀一致的,当毛管布置于地面或地下时,管轴坡降与地形坡降等同。

5.1　最小压力孔号 p_n

最小压力孔号是计算毛管最大压力偏差所必需的数据,也是反映

毛管压力分布的特征量，如前所述，当 $r<1$，则 $p_n=1$；当 $r=1$，则 $p_n=1$ 和 $p_n=2$；当 $r>1$，参见图 4，第 $j-1$ 号管段的水力比降为 $I_{j-1}=Kf[(j-1)q_a]^{1.75}/d^{4.75}$，若 $I_{j-1}=J$，则 $p_n=j$ 和 $p_n=j-1$，而 $j-1=r^{0.571}$，$j=\left[\dfrac{J}{(KfSq_a^{1.75}/d^{4.75})}\right]^{1/1.75}+1=r^{0.571}+1$；若 $I_{j-1}<J<I_j$，则可得最小压力孔号的范围为：$r^{0.571}<p_n<r^{0.571}+1$。综上所述，且考虑到孔口号为正整数，可给出均匀坡毛管最小压力孔号的计算式为

$$\left.\begin{aligned}&\text{当 } r\leqslant 1 \text{ 时},p_n=1\\&\text{当 } r>1 \text{ 时},p_n=\mathrm{INT}(r^{0.571}+1)\end{aligned}\right\}\tag{21}$$

式中：INT( )为将括号内的实数舍去小数部分成整数；其余符号意义同前。

5.2 最大压力孔号 p_m

毛管水头线为一凸向下方的多段折线，在均匀管坡条件下，最大压力孔号只能出现在首孔或末孔，即 $p_m=N$ 或 $p_m=1$。首、末孔的水头差可由二者之间的总水头损失与地形高差求出，即

$$h_N-h_1=\frac{KfSq_a^{1.75}}{d^{4.75}}\cdot\frac{(N-0.52)^{2.75}}{2.75}-JS(N-1)$$

令 $h_N-h_1=0$，可导出最大压力孔位置的判定式为

$$F=\frac{(N-0.52)^{2.75}}{2.75(N-1)r}\tag{22}$$

当 $F<1$ 时，$p_m=1$；当 $F\geqslant 1$ 时，$p_m=N$。

5.3 毛管的最大压力(水头)偏差 $\Delta h_{\max}$

毛管的最大压力偏差是指毛管上最大、最小压力孔的水头差，是表征毛管出流偏差的水力特征量。下面分四种情况推导出计算式：

(1) $r\leqslant 1$，恒有 $p_m=N$；即 h_N 为最大水头，$p_n=1$、h_1 为最小水头。故有

$$\Delta h_{\max}=h_N-h_1=\frac{KfSq_a^{1.75}}{d^{4.75}}\cdot\frac{(N-0.52)^{2.75}}{2.75}-JS(N-1)\tag{23}$$

引用式(18)、式(19)，则可表示为

$$\Delta h_{\max} = Gh_a\left[\frac{(N-0.52)^{2.75}}{2.75} - r(N-1)\right] \tag{23'}$$

（2）$r>1, p_m=1$ 且 $N \geqslant p_n$；此时最大压力偏差为 1 号与 p_n 号孔的水头差，并与 N 无关，即

$$\Delta h_{\max} = h_1 - h_{p_n} = Gh_a\left[r(p_n-1) - \frac{(p_n-0.52)^{2.75}}{2.75}\right] \tag{24}$$

（3）$r>1, p_m = 1$ 且 $N < p_n$，则

$$\Delta h_{\max} = h_1 - h_N = Gh_a\left[r(N-1) - \frac{(N-0.52)^{2.75}}{2.75}\right] \tag{25}$$

（4）$r>1, p_m=N$，参考 4.3.3 中的（3），可得

$$\Delta h_{\max} = h_N - h_{p_n} = Gh_a\left[\frac{(N-0.52)^{2.75} - (p_n-0.52)^{2.75}}{2.75} - r(N-p_n)\right] \tag{26}$$

5.4　毛管的水头偏差率 h_v

毛管的水头偏差率是毛管及灌水小区设计的依据之一，定义为：毛管最大压力偏差（以水头表示，m）与各孔口平均流量 q_a 相应水头 h_a 的比值，即

$$h_v = \frac{\Delta h_{\max}}{h_a} \tag{27}$$

5.5　毛管进口水头 h_0

h_0 是毛管进口消能、稳流设施及支管设计的依据，可由最大压力孔推算至毛管进口。

（1）当 $p_m=N$ 时，参见式（2′）可得

$$h_0 = h_N + \frac{(1+kS/S_N)fS_N(Nq_a)^{1.75}}{d^{4.75}} - JS_N \tag{28}$$

式中：S_N 为进口段的（即第 N 管段）长度，m；k 为局部水头损失与长为 S 管段沿程水头损失的比值，$k=K-1$。

（2）当 $p_m=1$ 时，需先从第 1 号孔推算至第 N 号孔的水头，即

$$h_N = h_1 + Gh_a\left[\frac{(N-0.52)^{2.75}}{2.75} - r(N-1)\right] \tag{29}$$

h_0 仍由式(28)计算。

5.6 毛管的极限孔数 N_m

按等滴量原则设计毛管的极限孔数已在文献[4]中讨论,现对按限制流量(或水头)偏差原则设计的毛管极限孔数进行讨论,亦即在孔距 S 确定的情况下,确定满足流量(或水头)偏差要求条件下的毛管孔数上限。毛管设计允许的水头偏差率以 $[h_v]$ 表示,则设计允许的毛管最大压力(以水头表示,m)偏差为 $[\Delta h_{\max}]=[h_v]h_a$。下面分三种情况推导出计算式:

(1) $r\leqslant 1$ 但 $r\neq 0$,引用式(23′)有

$$Gh_a\left[\frac{(N_m-0.52)^{2.75}}{2.75}-r(N_m-1)\right]\leqslant [h_v]h_a$$

可得试算式

$$\frac{[h_v]}{G}\geqslant\frac{(N_m-0.52)^{2.75}}{2.75}-r(N_m-1) \tag{30}$$

试算条件为:等式右边最接近于等式左边,且不大于左边时的 N_m 值即为极限孔数。

(2) $r=0$,可由式(30)得

$$N_m=\mathrm{INT}\left[\left(\frac{2.75[h_v]}{G}\right)^{0.364}+0.52\right] \tag{31}$$

(3) $r>1$,此时应按以下步骤确定 N_m 值:由式(21)计算最小压力孔号 p_n;按下式计算参数 Φ,即

$$\Phi=\frac{G[r(p_n-1)-(p_n-0.52)^{2.75}]}{2.75[h_v]} \tag{32}$$

等式右边为毛管第1号与第 p_n 号(即最小压力孔)的水头偏差率除以毛管允许水头的偏差率,因此 Φ 的物理意义是第1号与第 p_n 号孔之间水头偏差率与毛管允许水头偏差率的比值;下坡毛管水头 $\geqslant h_1$ 的最小孔号记为 z,亦即 $h_z\geqslant h_1$,当毛管孔数 $N\geqslant z$,必有 $p_m=N$,z 按下式试算

$$\frac{(z-0.52)^{2.75}}{2.75r(z-1)}\geqslant 1 \tag{33}$$

试算条件为:使该式左边最接近于1又不小于1的 z 值即为所求,

也可计算出降比的自然对数(ln$r$),在文献[5]的附图1中查取。然后按下式计算第 z 号孔与第 p_n 号孔之间的水头偏差率,即

$$\frac{h_z - h_{\min}}{h_a} = G\left[\frac{(z-0.52)^{2.75} - (p_n - 0.52)^{2.75}}{2.75} - r(z - p_n)\right] \tag{34}$$

参数 Φ_1 为第 z 号孔与第 p_n 号孔之间的水头偏差率与允许水头偏差率的比值,由下式计算

$$\Phi_1 = \frac{h_z - h_{\min}}{h_a[h_v]} \tag{35}$$

以上两式中:$h_{\min}$ 为第 p_n 号孔口的水头,m。

根据孔号 z 的定义必有 $\Phi_1 \geqslant \Phi$,在 $r>1$ 的前提下,根据 Φ_1 及 Φ 值选择试算公式,确定 N_m(舍去小数取正整数)。

(1)当 $r>1$,且 $\Phi_1 \leqslant 1$(此时必有 $\Phi \leqslant 1$),说明第 z 号与第 p_n 号(即最小压力孔)孔的水头偏差率≤$[h_v]$,即必为 $p_m = N$,试算式为

$$\frac{[h_v]}{G} \geqslant \frac{(N_m - 0.52)^{2.75} - (p_n - 0.52)^{2.75}}{2.75} - r(N_m - p_n) \tag{36}$$

试算条件与式(30)相同。

(2)当 $r>1$,且 $\Phi_1 > 1$、$\Phi \leqslant 1$,说明第 z 号与第 p_n 号(即最小压力)孔的水头偏差率>$[h_v]$,而第1号与第 p_n 号(即最小压力孔)的水头偏差率≤$[h_v]$,此时必为 $p_m = 1$,极限孔数由第1号与第 p_n 号孔之间的水头偏差率控制,极限孔数不需试算,即

$$N_m = z - 1 \tag{37}$$

(3)当 $r>1$,且 $\Phi > 1$,说明第1号与第 p_n 号孔的水头偏差率>$[h_v]$,此时定有 $p_m = 1$、$N_m < p_n$。试算式为

$$\frac{[h_v]}{G} \geqslant r(N_m - 1) - \frac{(N_m - 0.52)^{2.75}}{2.75} \tag{38}$$

试算条件与式(30)相同。

5.7 毛管的极限长度 L_m

微灌系统管网布置时,毛管的总孔数不得大于 N_m;毛管的极限长度为

$$L_m = (N_m - 1)S + S_N \tag{39}$$

6 结论

(1)本文放弃缝隙管假定,建立起(离散的)有限孔数多孔管水头线的多段折线模型,这更接近于实际;排除了目前水力设计中进口管段对流量(或水头)偏差率计算的影响。

(2)从多段折线图形出发,提出了多孔管水头损失的详算法以及均匀坡等距等量多孔管水头损失的简化算法。

(3)导出了等距等量多孔管各水力特征量的计算或试算公式,实现了均匀坡多孔管计算的解析化;可供微灌设计者应用。

(4)喷灌支管也为多孔管,且每条支管上的喷头数比毛管上的滴头数少得多,有限孔数多孔管水力学也适用于喷灌支管的水力设计与计算。

参考文献

[1] 张国祥. 滴灌塑料管的总损失参数表及其应用[J]. 山西水利科技,1984(2).

[2] 张国祥. 等距等量多孔管的磨损比计算[J]. 喷灌技术,1983(4).

[3] 张国祥. 多孔系数的一个近似计算公式[J]. 排灌机械,1983(2).

[4] 张国祥. 果树等滴量系统毛管的极限长度[J]. 山西水利科技,1984(4).

[5] 张国祥. 微灌毛管水力计算曲线图及其应用(均匀管坡)[J]. 喷灌技术,1991(2).

微灌毛管水力计算曲线图及其应用（均匀管坡）

1 引言

全等距等量多孔管（支、毛管）的水力设计，需要计算最小压力孔号、最大压力偏差、极限孔数及判断最大压力孔的位置；虽已导出解析公式[1]可以计算（或试算），但有相当的工作量。为了减少基层技术人员的计算工作量，提高效率，特将最小压力孔号 p_n、压力不小于下游末孔（第 1 号孔）的最小孔号 z、毛管最大水头偏差 Δh_{max}、极限孔数 N_m 等计算并绘成曲线图，以供设计者查用。这些量均与多孔管进口管段（第 N 号管段）的长短无关，故均可视为全等距等量多孔管。

2 曲线图计算中的说明

2.1 采用的水头损失公式

曲线图计算中沿程水头损失计算采用勃拉修斯公式，即

$$\Delta h_f = \frac{fQ^{1.75}L}{d^{4.75}} \tag{1}$$

全等距等量多孔管的总水头损失[1]为

$$\Delta h = \frac{KfSq_a^{1.75}}{d^{4.75}} \cdot \frac{(N+0.48)^{2.75}}{2.75} \qquad (N \geqslant 3) \tag{2}$$

$$f = 0.473\alpha \tag{3}$$

式中：f 为沿程损失系数；α 为水温修正系数，按表 1 取用；Q 为流量，L/h；L 为管长，m；d 为管内径，mm；K 为总损失扩大系数；S 为多孔管的孔间距，m；q_a 为多孔管的孔平均流量，常令其为孔的设计流量 q_d，L/h；N 为多孔管孔的总个数或上游首孔的编号。

注：本文原发表于《喷灌技术》1991 年第 2 期。

表 1　水温修正系数

水温(℃)	5	10	15	20	25
α	1.109	1.068	1.032	1.000	0.971

2.2　孔口及管段编号

孔口及孔间管段按逆流向编号，下游末孔为第 1 号，上游首孔为第 N 号；孔间管段以其下游端孔的编号标记，即 1、2 号孔间为第 1 号管段，上游进口段为第 N 号管段。

2.3　文中符号意义

除式(2)已说明者外，其余符号意义如下：

p_n 为最小压力孔的编号；r 为降比，$r = Jd^{4.75}/(Kfq_a^{1.75})$；$J$ 为管轴线比降，以顺流向下坡为正，反之为负；h_a 为与 q_a 对应的孔口水头，常令其为孔的设计水头 h_d，m；ln 为自然对数；INT( )为将括号内数舍去小数部分成整数；h_v 为水头偏差率，$h_v = (h_{\max} - h_{\min})/h_a$；$[h_v]$ 为设计允许的水头偏差率；$h_{\max}$、$h_{\min}$ 分别为多孔管上压力最大、最小孔的工作水头，m；z 为 $r>1$ 的多孔管上，其工作水头不小于 1 号孔(下游末孔)的最小孔号；h_1、h_N、h_{P_n} 分别为第 1 号、第 N 号孔和最小压力孔的工作水头，m。

3　压力最小孔号(p_n)曲线的计算与使用

3.1　曲线计算的依据与绘制

压力最小孔号的计算依据为下式

$$p_n = \begin{cases} 1 & (r < 1) \\ \mathrm{INT}(r^{0.571} + 1) & (r \geqslant 1) \end{cases} \tag{4}$$

由式(4)可见，p_n 仅取决于降比 r。因此，可按 p_n 值(正整数)由式(4)计算 r，并以 $\ln r$ 为纵坐标、p_n 为横坐标，点绘成阶梯线示于图 1(上方)。

3.2　曲线图的使用

按计算多孔管的相关数据计算降比 r 及 $\ln r$，在图 1 纵坐标相应位置作水平线与阶梯线相交，交点对应之横坐标即为 p_n。

4 压力不小于末孔的最小压力孔号曲线的计算与使用

4.1 曲线计算的依据与绘制

均匀坡条件下的多孔管,当 $r<1$ 时,孔口的压力水头恒为上游大、下游小;当 $r=1$ 时,第 1、2 号孔压力相等且为最小,其余孔恒为上游大、下游小;当 $r>1$ 时,最小压力孔号会随 r 值的增大而向上游移动。

当 $r>1$,若第 z 号孔的的水头(h_z)与 1 号孔的水头(h_1)相等,则有

$$\frac{KfSq_a^{1.75}}{d^{4.75}}\cdot\frac{(z-0.52)^{2.75}}{2.75}-JS(z-1)=0$$

可得

$$r=\frac{(z-0.52)^{2.75}}{2.75(z-1)} \tag{5}$$

按正整数取不同的 z 值,由式(5)计算 r 并取自然对数,点绘 $\ln r$ 与 z 的关系线示于图 1(下方)。

4.2 曲线图的使用

根据待计算多孔管的 r 及 $\ln r$,在图 1 纵坐标相应位置作水平线与曲线相交,交点对应之横坐标即为压力不小于末孔的最小压力孔号 z。当支管、毛管实际孔数 $\geqslant z$ 时,最大压力孔在上游首孔(第 N 号);而当支、毛管实际孔数 $<z$ 时,最大压力孔为下游末孔(第 1 号)。

5 最大水头偏差(或偏差率)

5.1 曲线计算的依据与绘制

多孔管的最大压力(水头)偏差为

$$\Delta h_{\max}=h_{\max}-h_{\min}=h_v h_a \tag{6}$$

(1)当 $r\leqslant 1$,此时最大压力孔为 N 号、最小压力孔为 1 号,即 $h_N=h_{\max}$、$h_1=h_{\min}$,有

$$\Delta h_{\max}=h_v h_a=\frac{KfSq_a^{1.75}}{d^{4.75}}\cdot\frac{(N-0.52)^{2.75}}{2.75}-JS(N-1)$$

可得

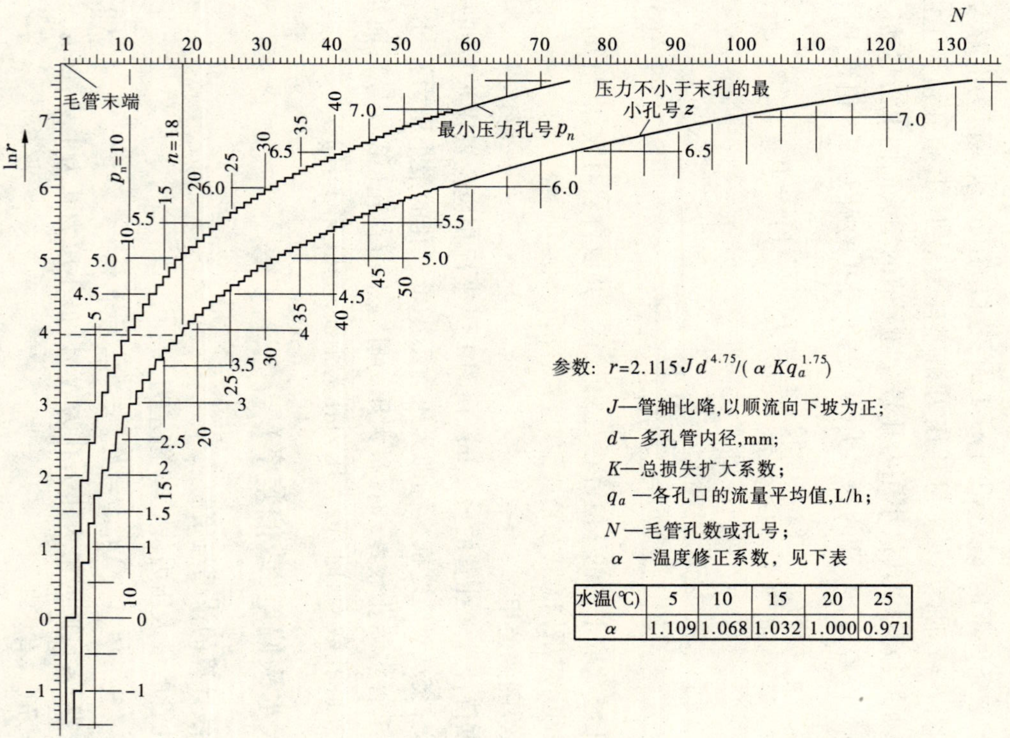

参数：$r=2.115Jd^{4.75}/(\alpha Kq_a^{1.75})$

J—管轴比降,以顺流向下坡为正;

d—多孔管内径,mm;

K—总损失扩大系数;

q_a—各孔口的流量平均值,L/h;

N—毛管孔数或孔号;

α—温度修正系数，见下表

水温(℃)	5	10	15	20	25
α	1.109	1.068	1.032	1.000	0.971

图 1　多孔管压力曲线

$$F = \frac{h_v h_a d^{4.75}}{KfSq_a^{1.75}} = \frac{(N-0.52)^{2.75}}{2.75} - r(N-1) \tag{7}$$

(2)当 $r>1$ 且判别式$\frac{(N-0.52)^{2.75}}{2.75r(N-1)}<1$,则最大压力孔为 1 号,即 $h_1 = h_{\max}$。此时可有两种情况:

① 若多孔管 $N \geqslant p_n$,则

$$h_v h_a = h_1 - h_{p_n} = JS(p_n - 1) - \frac{KfSq_a^{1.75}}{d^{4.75}} \cdot \frac{(p_n - 0.52)^{2.75}}{2.75}$$

可得

$$F = \frac{h_v h_a d^{4.75}}{KfSq_a^{1.75}} = r(p_n - 1) - \frac{(p_n - 0.52)^{2.75}}{2.75} \tag{8}$$

式中:h_1、h_{p_n}分别为第 1 号、最小压力孔的工作水头,m。

② 若多孔管 $N<p_n$,则

$$h_v h_a = h_1 - h_N = JS(N-1) - \frac{KfSq_a^{1.75}}{d^{4.75}} \cdot \frac{(N-0.52)^{2.75}}{2.75}$$

可得

$$F = \frac{h_v h_a d^{4.75}}{KfSq_a^{1.75}} = r(N-1) - \frac{(N-0.52)^{2.75}}{2.75} \tag{9}$$

(3)当 $r>1$ 且判别式$\frac{(N-0.52)^{2.75}}{2.75r(N-1)} \geqslant 1$,则最大压力孔号为 N,即 $h_N = h_{\max}$,有

$$h_v h_a = h_N - h_{p_n} = \frac{KfSq_a^{1.75}}{d^{4.75}} \cdot \frac{(N-0.52)^{2.75} - (p_n - 0.52)^{2.75}}{2.75} - JS(N - p_n)$$

可得

$$F = \frac{h_v h_a d^{4.75}}{KfSq_a^{1.75}} = \frac{(N-0.52)^{2.75} - (p_n - 0.52)^{2.75}}{2.75} - r(N - p_n) \tag{10}$$

请注意:$r = \frac{Jd^{4.75}}{Kfq_a^{1.75}}$,以上各式中

$$F = \frac{h_v h_a d^{4.75}}{KfSq_a^{1.75}} = \frac{h_v h_a d^{4.75}}{KfSq_a^{1.75}} \cdot \frac{r}{r} = \frac{[h_v]h_a r}{JS} \tag{11}$$

图2中的纵坐标为式(11)等号右边的自然对数。

由上述可见,可取不同的 N 值并计算判别式 $\frac{(N-0.52)^{2.75}}{2.75r(N-1)}$ 和 p_n,据此选择式(7)、式(8)、式(9)和式(10)其中之一计算 F 值;并以降比 r 为参数,按 $r \leqslant 0$ 和 $r \geqslant 0$ 分别点绘 $\ln F \sim N$ 关系曲线组(见图2和图3)。在 $r \geqslant 0$ 的曲线组中,$r > 1$ 的曲线右端转为水平线,原因是最大压力孔位于1号孔(下游末孔),而多孔管的总孔数处于 $z > N \geqslant p_n$ 的范围,此时最大水头偏差均为1号孔与 p_n 号孔的水头之差,与孔数 N 无关(需要说明:曲线组的上端部分被切开并移置于下方是为了减小图幅,便于印装)。

5.2 曲线图的使用

图2和图3中曲线可以用于求极限孔数、最大水头偏差及水头偏差率,具体做法为:

(1)计算多孔管最大水头偏差 $\Delta h_{\max}$、水头偏差率 h_v。根据待计算多孔管的降比 r 和总孔数 N,从横坐标相应的 N 处作垂线,与相应 r 的曲线相交,交点纵坐标 A 即为本多孔管的 $\ln F$ 值,参照式(11)有

$$F = \mathrm{e}^A = \frac{h_v h_a r}{JS}$$

可得

$$\Delta h_{\max} = h_v h_a = \frac{JS\mathrm{e}^A}{r} \tag{12}$$

或

$$h_v = \frac{JS\mathrm{e}^A}{rh_a} \tag{13}$$

式中:e 为自然对数的底。

(2)求极限孔数 N_m。将待算多孔管的有关数据,按下式计算 F 的自然对数 A,即

$$A = \ln F = \ln\left(\frac{h_v h_a r}{JS}\right) \tag{14}$$

在图2、图3中纵坐标的A处作水平线，与相应r的曲线相交，交点的横坐标读数（舍去小数部分取正整数）即为极限孔数N_m。

6 算例

算例1：某果园滴灌，用管式滴头每树4个，果树株距$S=S_N=4$ m，滴头（4个），滴头水头关系为$q=4\times0.72h^{0.685}$，滴头设计水头为$h_a=10$ m，设计流量$q_d=13.94$ L/h；允许水头偏差率$[h_v]=0.30$，$K=1.1$，设计水温为10 ℃。求在$J=0.05$、0.03、0.00、−0.03、−0.05的情况下，$\phi12$ mm（内径为10 mm）毛管的极限孔数、最小压力孔号p_n及压力不小于末孔的最小压力孔号z。

解：现以$J=0.05$为例，计算过程如下：

按式（3）：$f=0.473\alpha=0.473\times1.068=0.505$，降比：$r=Jd^{4.75}/(Kfq_a^{1.75})=0.05\times10^{4.75}/(1.1\times0.505\times13.94^{1.75})=50.33$，$\ln r=\ln50.33=3.92$；从图1纵坐标$\ln r=3.92$处作水平线与最小压力孔号线相交，交点的横坐标10就是最小压力孔号p_n。

从图1纵坐标$\ln r=3.92$处作水平线与压力不小于末孔的最小孔号线相交，交点的横坐标18就是z值。

按式（11）计算：

$$F=\frac{[h_v]h_a r}{JS}=\frac{0.3\times10\times50.33}{0.05\times4}=754.95,\ \ln F=\ln754.95=6.63$$

因$r\geqslant0$，查图3从纵坐标6.63处作水平线与$r=50.33$（内插）曲线相交，交点横坐标即为极限孔数$N_m=21$。

其他情况的结果及由计算机按逆流递推逼近法的结果均列于表2。两种方法结果仅在$J=0.03$时z值有1孔之差，此时第13号、14号孔之间的水头差仅为0.025 m，相对误差仅0.3%；可见曲线图精度可供实用。

算例2：同算例1，当$J=0.05$，毛管孔数$N=16$时，求毛管的水头偏差率h_v。

解：由图3横坐标$N=16$处作铅垂线与$r=50.33$曲线相交，交点的横坐标为$A=\ln F=5.63$，按式（13）计算：

$$h_v = \frac{JSe^A}{rh_a} = \frac{0.05 \times 4 \times e^{5.63}}{50.33 \times 10} = 0.11$$

表 2　二种算法结果汇总

J	查图法				逆流递推逼近法		
	r	p_n	z	N_m	p_n	z	N_m
0.05	50.33	10	18	21	10	18	21
0.03	30.20	7	13	19	7	14	19
0.00	0.00	1	2	16	1	2	16
-0.03	-30.20	1	2	13	1	2	13
-0.05	-50.33	1	2	11	1	2	11

7　结语

本曲线图可供设计者在微灌水力计算时使用,以减少计算工作量。

参考文献

[1] 张国祥.微灌毛管水力学研究[J].喷灌技术,1990(2):9-16.

微灌水力设计方法的商榷与建议

1 引言

我国现行微灌水力设计方法是美国夏威夷大学吴义伯教授来华讲学带来的(后文称:现行水力设计方法),对我国微灌技术的启蒙和发展起到很大的作用。在学习和应用中,笔者感到有些问题,有的是现行方法本身存在的问题,有的是过分简化带来的问题,其后果,或者加大工程投资、增高运行费用;或者流量偏差率过大;或者兼而有之,甚至造成水资源的浪费。因此,有必要提出讨论,研究其改进的途径。

本文拟对现行水力设计方法存在的问题进行分析和讨论,并为克服这些问题提出原则性建议。不当之处请批评指正。

2 现行水力设计方法简述

2.1 基本公式

当前微灌水力设计基本公式为两个,即

$$q_v = \frac{q_{max} - q_{min}}{q_{max}} = 1 - \frac{q_{min}}{q_{max}} \leqslant [q_v] \tag{1}$$

$$Q_0 = N \cdot q_d \tag{2}$$

式中:q_v、$[q_v]$分别为流量偏差率和设计允许的流量偏差率;q_{max}、q_{min}分别为灌水小区(或1条毛管)内,工作水头最大、最小的灌水器流量,L/h;Q_0为毛管或灌水小区的进口流量,L/h;q_d为灌水器设计流量,L/h;N为毛管或灌水小区的灌水器总数。

式(1)用于限制系统的出流偏差,式(2)用来计算毛管或灌水小区

注:本文原发表于《喷灌技术》1990年第3期,本次有修改。

的总流量，进而可推求各级管道（段）和系统的流量，有时用水头偏差率更为方便，与式(1)等效，即

$$h_v = \frac{h_{max} - h_{min}}{h_{max}} = 1 - \frac{h_{min}}{h_{max}} \leqslant [h_v] \tag{3}$$

式中：h_v、$[h_v]$分别为水头偏差率和设计允许的水头偏差率；h_{max}、h_{min}分别为灌水小区（或1条毛管）内，灌水器最大、最小的工作水头，m。

根据灌水器的出流特性有

$$q = c \cdot h^x$$

式中：q为灌水器流量，L/h；h为灌水器工作水头，m；c为常数，由厂家给出；x为水头（流态）指数，由厂家给出。

与式(1)和式(3)相应，有

$$h_v = 1 - (1 - q_v)^{1/x} \tag{4}$$

显然，按式(1)和式(3)定义，$[h_v]$与$[q_v]$也符合式(4)。目前，微灌系统采用的$[q_v]$、$[h_v]$列于表1。如果在毛管进口安设消能设施，使支管上的水头变幅不影响均匀度，此时，$[q_v]$与$[h_v]$可全部用于毛管设计。

表1　目前采用的$[q_v]$、$[h_v]$值

$[q_v]$	$[h_v]$		备注
	$x=0.5$	$x=1$	
0.1~0.2	0.19~0.36	0.1~0.2	同时工作小区

2.2　存在的问题和习惯做法

有了上述基本公式，实际上还不能进行设计。首先，h_{max}为未知数，亦即毛管上允许的水头差尚属未知，无法计算确定毛管长度；其次，没有建立起灌水器设计流量q_d与毛管上各灌水器流量平均值q_a之间的关系，不仅无法实现毛管各灌水器的平均流量等于灌水器的设计流量，导致用式(2)计算灌水小区（或毛管）进口流量没有依据，而且无法对毛管上出流孔的工作水头进行赋值。

为了能进行微灌系统设计，采取了下列（习惯）做法（但各灌水器

的平均流量问题仍未解决)：

(1)用灌水器设计水头 h_d 代替 h_{max} 来推求毛管上允许的水头差，即以$[h_v]h_d$ 代替$[h_v]h_{max}$。

(2)从灌水器最小流量仍能满足供水的要求考虑出发,令流量最小的灌水器工作水头为 h_d,即令 $h_{min}=h_d$,用以推求毛管进口水头,并进而推求系统的扬程。显然,上述两点之间存在抵触。

(3)由于无限孔数毛管水力学的局限,常不计入毛管进口与上游第一个灌水器之间的水头差别,用进口水头 h_0 代替上游首孔的水头 h_N。

(4)在顺流下坡地形时,常不考虑地形坡度对最小压力灌水器位置的影响,以首末点的水头差 h_0-h_1 作为 $h_{max}-h_{min}$ 进行水头偏差计算。

3 问题分析

为了便于论述,能看清各种做法对结果产生的影响,举 1 个果树微灌毛管的算例,并且把保证毛管上各灌水器流量偏差率不大于$[q_v]$、各灌水器流量的平均值等于设计流量作为计算条件,先假定最下游孔的水头从下游往上游逐孔递推,若结果与计算目标不符合,则修正原假定的最下游孔水头,直至计算结果符合计算目标,将此方法称为严格算法,其成果作为各种算法的比较基准。采用勃拉修斯公式计算塑料管的沿程水头损失,则

$$h_f=fQ^{1.75}L/d^{4.75}\qquad (t=10\ ℃)\tag{5}$$

式中:d 为管的内径,mm;Q 为管内流量,L/h;f 为沿程损失系数,$f=0.505$;L 为管(段)长,m;t 为水温,℃。

算例:果树微灌,毛管内径 $d=10$ mm,沿等高线布设,果树株距 $S=2.1$ m,进口段长 $S_N=S$,选用农田灌溉研究所研发的微喷头,每树一个,设计水头 $h_d=10$ m,设计流量为 40.977 L/h,$q=13.26h^{0.49}$,局部水头损失占沿程水头损失的 20%(总损失扩大系数 $K=1.2$),水温 10 ℃,求满足$[q_v]\leqslant0.2$ 的毛管最大长度和进口水头。

算法 1:严格(即逆流递推)算法

计算目标：

$$q_v = \frac{q_{max} - q_{min}}{q_{max}} \leqslant [q_v] = 0.20, q_a = q_d = 40.977 \text{ L/h}$$

式中：q_a 为各灌水器流量的平均值，L/h；其余符号意义同前。

结果列于表2和表3中算法1。

算法2：习惯算法（即当前的算法）

以 h_d 代替 h_{max} 来推求允许的最大水头偏差，又令 $h_{min} = h_d$ 来推求毛管进口及各灌水器水头。

$$[\Delta h_{max}] = [h_v] \cdot h_d = [1 - (1 - [q_v]^{1/x})] \cdot h_d$$

$$= [1 - (1 - 0.2)^{1/0.49}] \times 10 = 3.66(\text{m})$$

因毛管水平铺设，故毛管全长的水头损失即为毛管上最大水头差。按下式计算毛管全长（注意：不是首末孔）的总水头损失

$$\Delta h = Kfd^{-b}Sq_d^{1.75} \cdot (N + 0.48)^{2.75}/2.75$$

式中：K 为总损失扩大系数；S 为灌水器（孔）的间距，m；N 为毛管上分流孔的总数；Δh 为毛管全长的总水头损失，m；其余符号意义同前。

将本算例有关数据代入上式，不同 N 值的 Δh 列于表4。习惯算法忽略上游首孔与毛管进口的水头差别，以毛管全长的水头差作为最大水头差，与表4对照，可见孔数为10时最大长度为 $L_m = 2.1 \times 10 = 21.0(\text{m})$、毛管进口水头 $h_0 = h_{max} + \Delta h = 10 + 3.49 = 13.49(\text{m})$，列于表2算法2。

表2 四种算法的成果

算法	项目			
	允许的最多孔数 N	水头损失 $\Delta h(\text{m})$	允许的水头损失 $[\Delta h](\text{m})$	毛管进口水头 $h_0(\text{m})$
1 严格算法	12	4.24（首末灌水器）		14.20
2 习惯算法	10	3.49（全管长）	3.66	13.49
3 用 $[h'_v]$ 计算	12	5.65（全管长）	5.77	15.65
4 按首末灌水器的水头差计算	13	5.56（首末灌水器）	5.77	16.98

表3　以表2成果为计算条件的逆流递推算法结果及其比较

算法	逆流递推的计算条件	项目	计算点位置：孔号/管长(m)(均从下游端起算)						与算法1比较
			1/0	10/18.9	11/21.0	12/23.1	13/25.2	14/27.3	
1	令：$q_a = q_d = 40.977$ 且 $q_v \leqslant 0.2$ $L_m = 25.2$ m	水头 h(m)	8.80	11.255	12.065	13.041	14.20	15.57	
		流量 q(L/h)	38.518			46.592			
		q_a(L/h)				40.975			
		q_v				0.175			
2	令：$N = 10$ $h_0 = 13.49$ m $L_m = 21$ m	水头 h(m)	9.88	12.59	13.49				L_m 偏小4.2 m h_0 偏高1.42 m (8.5%) q_a 偏大3.3% q_v 远小于0.2
		流量 q(L/h)	40.736	45.880					
		q_a(L/h)		42.322					
		q_v		0.112					
3	令：$N = 12$ $h_0 = 15.56$ m $L_m = 25.2$ m	水头 h(m)	9.76			14.38	15.65		h_0 偏高1.45 m (9.5%) q_a 偏大5.1% $q_v < 0.2, h_0 - h_1 > 5.77$ m,二者矛盾
		流量 q(L/h)	40.492			48.959			
		q_a(L/h)				43.051			
		q_v				0.173			
4	令：$N = 13$ $h_0 = 16.98$ m $L_m = 27.3$m	水头 h(m)	9.65				15.50	16.98	L_m 偏大2.1 m h_0 偏高1.41 m (9.1%) $q_v > 0.2$、q_a 偏大6% $h_{13} - h_1 > 5.77$ m
		流量 q(L/h)	40.268				50.787		
		q_a(L/h)					43.450		
		q_v					0.207		

注：1. 有下划线的数字为毛管进口水头。2. 最后1列中的 h_0 为与算法1相同孔号水头的比较。3. 算法2、3为以毛管首末端水头差作为最大水头偏差。

为了看清按习惯算法所设计毛管的水力状况，以 $h_0=13.49$ m、$N=10$ 作为计算条件，用逐孔逆流递推求出各孔的水头和流量等列于表 3 算法 2，并与严格算法做比较，可见，L_m 偏短了 4.2 m、进口水头偏高 1.4 m，平均流量偏大 3.3%，h_0 偏高 1.42 m(8.5%)。

表 4　不同孔数的总水头损失值

孔数 N	10	11	12	13
Δh (m)	3.49	4.49	5.65	6.98

3.1　相对偏差公式使用中的问题

3.1.1　混淆了 $[h_v]$ 和 $[h'_v]$ 的区别

从表 2、表 3 前两种算法的结果比较中可见，这些差别远超出了可以忽略的程度。因此，按习惯算法来设计，势必增多支管条数，增加工程投资和运行费用。

为了看清毛管允许最大长度计算值偏小的原因，将偏差率作另一定义，令

$$\left.\begin{aligned} h'_v &= (h_{max}-h_{min})/h_{min} \leqslant [h'_v] \\ q'_v &= (q_{max}-q_{min})/q_{min} \leqslant [q'_v] \end{aligned}\right\} \tag{6}$$

式中：h'_v、q'_v 分别为以最小量为分母的水头与流量偏差率；$[h'_v]$、$[q'_v]$ 分别为以最小量为分母的设计允许的水头与流量偏差率。可以推导出两种定义偏差率的关系为

$$\left.\begin{aligned} h'_v &= (1+q'_v)^{1/x}-1=(1-q_v)^{-1/x}-1 \\ q'_v &= \frac{q_v}{1-q_v} \end{aligned}\right\} \tag{7}$$

显然，$[h'_v]$、$[q'_v]$ 与 $[h_v]$、$[q_v]$ 之间关系也符合式(7)，允许的最大水头偏差为

$$[\Delta h_{max}]=[h_v]\cdot h_{max}=[h'_v]\cdot h_{min} \tag{8}$$

按式(7)由 $[q_v]$ 计算 $[q'_v]$ 和 $[h'_v]$ 的值及比较均列于表 5，可见差别是不能忽略的。将 h_{max} 赋值为 h_d，实际上是用 $[h_v]$ 代替 $[h'_v]$，使 $[\Delta h_{max}]$ 偏小，这是习惯算法中毛管允许长度偏短的主要原因。

表5　两种定义下偏差允许值的比较

$[q_v]$	$[q'_v]$	$x=0.5$			$x=1$		
		$[h_v]$	$[h'_v]$	$([h'_v]-[h_v])/[h_v]$	$[h_v]$	$[h'_v]$	$([h'_v]-[h_v])/[h_v]$
0.2	0.25	0.36	0.563	56.4%	0.20	0.25	25%

算法3:用$[h'_v]$计算

由式(7)得$[h'_v]=(1-0.2)^{-1/0.49}-1=0.577$,$[\Delta h_{max}]=[h'_v].h_d=0.577\times10=5.77$(m);将计算值与表4中的$h_N$比较可得$N=12$,$h_0=h_d+\Delta h=10+5.65=15.65$(m),结果列于表2算法3。以$N=12$、$h_0=15.65$ m为条件,由逐孔逆流递推的结果及与算法3的比较列于表3算法3。可以看出:其一,毛管首末水头差为5.89 m,已超出允许值,而q_v并未达到0.2,二者矛盾;原因在于以毛管全长的水头差来替代首、末灌水器的水头差。其二,从表3可知,灌水器最小工作水头$h_{min}<h_d$,允许的最大水头差算得偏大,需要作修正;至于按$h_{min}=h_d$来推求h_0,而毛管进口满足h_0时,如何会出现$h_{min}<h_d$,则在下文进行分析。

3.1.2　不应把毛管的进口水头h_0作为上游首孔水头h_N

毛管进口管段的水头变化是不影响灌水质量的,故正确的做法应以工作水头最大、最小孔的流量(或水头)差来计算毛管的偏差。是否可用h_0代替h_N?需要看h_0-h_N与工作水头最大、最小孔水头差的比值是否足够小。下面分两种情况进行讨论。

(1)水平地形。此时水头损失就是水头差,首末孔的水头差就是毛管的最大水头偏差Δh_{max},故可通过进口段水头损失Δh_1与首末孔间水头损失Δh_2的比值α来看清其影响。

$$\Delta h_1 = KfS_N(Nq_d)^{1.75}/\mathrm{d}^{4.75},\Delta h_2 = KfSq_d^{1.75}\left[\frac{(N-0.52)^{2.75}}{2.75d^{4.75}}\right]$$

故

$$\alpha = \frac{\Delta h_1}{\Delta h_2} = \frac{2.75N^{1.75}S_N}{(N-0.52)^{2.75}S} \tag{9}$$

式中:S_N为毛管进口段的长度,m。

当$S_N=S$,按式(9)计算的α值列于表6(如$S_N=S/2$,α值为表列

数值的一半)；可以看到：至少在 $N \leqslant 70$ 时，进口段水头损失的影响不应忽略。

表6　不同孔数 N 时的 α 值

N	3	8	20	50	70	100
α(%)	156	41.4	14.8	5.7	4.0	2.8

(2)有坡地形。此时随着毛管坡度的增大，最小压力灌水器的位置会向上游移动；最大压力灌水器号可能在第1(下游末孔)号或第 N 号(上游首孔)灌水器；α 公式比式(9)要复杂得多，这里不拟列出，但可从另一角度讨论。

若最大压力位于第 N 号灌水器，该灌水器水头 h_N 与毛管进口水头相等的条件是：进口段的水力比降与地形坡降相等。即

$$Kfd^{-4.75}(Nq)^{1.75} = J$$

式中：J 为毛管进口段地形坡降，顺流下坡为正，反之为负。

可得本算例地形坡降($N=12$ 时)应为 $J = 1.2 \times 0.505 \times 10^{-4.75} \times (12 \times 40.977)^{1.75} = 0.553$，这么大的坡降，则微灌毛管不可能遇到。

综上所述，忽略毛管进口与上游首孔水头的差别，在一般情况下是不妥的，这种不应该的简化，将使毛管的允许孔数减少，也就是毛管的使用长度被减小了。

算法4：按首末灌水器的水头差计算

$[\Delta h_{\max}] = [h'_v] \cdot h_d = 5.77$(m)，对照表4可得毛管允许最大长度为 $13 \times 2.1 = 27.3$(m)，进口水头为 $h_0 = h_d + \Delta h_{13} = 10 + 6.98 = 16.98$(m)，结果列于表2算法4。以此结果为计算条件，由逆流递推推算的结果列于表3的算法4中。与严格算法比较可以看出：毛管长度增大了1个孔距，h_0 偏高1.41 m(9.1%)，q_a 偏大6%，而 q_v 与 $\Delta h_{\max}$ 均超出允许值。按此计算，也还是不能解决问题。

3.1.3　水头损失计算值偏小

从表3可以看出，后3种算法灌水器的平均流量 q_a 比设计流量 q_d 大3%～6%，使按 q_d 计算的水头损失偏小7%～11%。故 h_0 减去实际水头损失后，必然出现最小水头 $< h_d$，导致毛管的实际水头偏差大于计

算值，甚至可能超出允许值，这就是算法 3 和算法 4 的 $h_{min} < h_d$、Δh_{max} 超出允许值的原因。

由上述可见，现行微灌水力设计方法理论上有矛盾，修修补补难以解决问题。笔者认为其根本原因在于缺乏对孔口水头的赋值依据。

3.2 流量计算公式使用中的问题

毛管进口流量应按下式计算

$$\left.\begin{aligned} Q_0 &= \sum_{j=1}^{N} q_j = N q_a \\ q_a &= \frac{1}{N}\sum_{j=1}^{N} q_j \end{aligned}\right\} \tag{10}$$

式中：q_j 为第 j 号灌水器的流量，L/h；Q_0 为毛管进口流量，L/h；其余符号意义同前。

现行水力设计方法按式(2)计算 Q_0，意味着 $q_a = q_d$，但由于当时尚没有学者建立起 q_a 与 q_{max}（或 q_{min}）之间的解析关系，习惯算法令 $q_{min} = q_d$，必然导致 $q_a > q_d$；又用式(2)计算 Q_0，体现出了设计方法本身的不成熟和不完善。

图 1 是沿毛管长度各灌水器流量的分布示意图。根据作物需水、不可避免的损失等因素，灌水器设计流量为 q_d，设计流量分布线为图中线 1。习惯做法令 $q_{min} = q_d$，流量分布见线 2，其平均值为 q_{d1}，显然，图 1 中线 2 和线 1 之间的阴影部分是习惯做法中要多耗的无效水，除造成水资源浪费外，还将多耗能源。

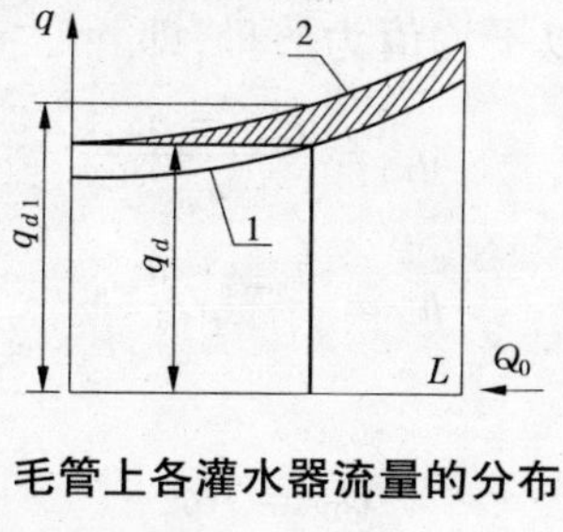

图 1　毛管上各灌水器流量的分布示意

3.3 最大水头偏差计算中的问题

目前，微灌界多以上游第 1 个（第 N 号）孔口的流量 q_{max} 和下游末孔(第 1 号)的流量 q_{min} 来进行微灌系统设计。这对于水平或逆坡毛管无疑是正确的,但对于顺流下坡毛管,只有在毛管坡度 J 与最下游(即第 1 号)管段水力比降的比值 $r \leqslant 1$ 的情况下才是正确的,而当 $r > 1$ 是错误的。毛管水头线为以孔口为折点的多段折线,如图 2 中线 1 所示;线 1 的各个折点与毛管轴线间的高度便是毛管各孔口的压力水头值。不难理解,随着 J 的增大,最小水头位置将从下游向上游移动,直至上游首孔,每个孔均可能为最小压力孔;同时,最大压力孔也可能从上游首孔转为下游末孔。因此,对于 $r > 1$ 的下坡毛管,必须先确定最大压力、最小压力孔位置,才能正确计算 Δh_{max}。

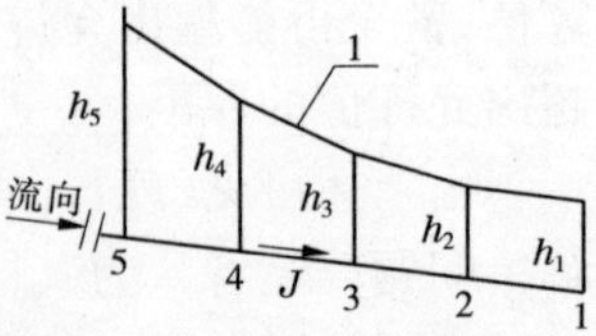

图 2　各孔的压力水头示意

4　原则性建议

如上所述,在技术进步赶不上微灌快速发展需求的情况下,现行微灌水力方法及与之配套的习惯做法,对微灌发展是有贡献的。但时至今日,应该认识到它在理论上不完善,使用也不方便;而且按此设计的微灌系统,可能带来增大投资和运行费,甚至造成水资源浪费的后果;有必要予以重视,并做改进。有限孔数毛管水力学的提出及通过经验系数建立起的 q_{max}、q_a、q_v 之间的解析关系,为微灌水力设计方法的改进提供了技术基础。

4.1　重新定义基本公式

偏差率公式改为以平均值为分母,即

$$q_v = \frac{q_{max} - q_{min}}{q_a} \tag{11}$$

$$h_v = \frac{h_{max} - h_{min}}{h_a} \tag{12}$$

毛管进口流量为

$$Q_0 = N q_a \tag{13}$$

平均流量(和水头)与设计流量(和水头)的关系为

$$\left.\begin{aligned} h_a &= h_d \\ q_a &= q_d \end{aligned}\right\} \tag{14}$$

式中符号意义同前。

4.2 两点说明

(1)由于偏差率按式(11)、式(12)变更,允许的偏差率值会有变化。经估算,不同定义时流量偏差率的对应值列于表7。若为保持原设计标准不变,则新定义下的允许流量偏差率 $[q_v]$ 可按0.23取用。

(2)上述建议要用于设计,尚需补充新的关系式和方法,这将在后文中陆续提出。

表7 不同定义下流量偏差率的对应值

q_v 按式(1)定义	q_v 按式(11)定义
0.20	0.23
0.177	0.20
0.10	0.107

5 结论

(1)现行微灌水力设计方法对我国微灌技术的启蒙与发展起了重要的作用。

(2)由于当时微灌技术基础的限制,现行微灌水力设计方法在理论上自相矛盾,说明它尚不够成熟。按此设计的微灌系统,可能带来增大投资和运行费用的情况,甚至造成水资源浪费的后果,因此有必要予以重视,并作改进。

参考文献

[1] 吴义伯.滴灌系统水力设计讲义[R].北京:水利水电科学研究院水利研究所,1981.

[2] Michael J. Boswell.微量灌溉设计手册[M].陈学敏,董文楚,译.1984.

[3] 张国祥.微灌毛管水力学研究[J].喷灌技术,1990(2):9.

[4] 张国祥.微灌毛管水力设计的经验系数法[J].喷灌技术,1991(1):4.

用凯勒均匀度进行微灌系统设计的质疑

1　问题的提出

美国学者凯勒(Jack Keller)与卡迈里(Karmeli)于1975年提出了表征灌水均匀度的计算式,称为凯勒均匀度(EU);它是美国农业部水土保持局推荐使用的灌水均匀度表达式。

我国学者出版的多本著作中向读者介绍了凯勒均匀度的计算式,肯定其考虑了水头偏差与滴头制造偏差两个因素。近年来,有学者介绍了用凯勒均匀度指标进行微灌系统设计的方法,并要在《微灌工程技术规范》(SL 103—95)修订中,将此内容作为我国国家标准规范条文在国内推广和使用。因此,推敲该方法是否正确,已成为不可回避的问题。本文即从凯勒均匀度的定义与多孔出流管水力学原理出发,对凯勒均匀度及其微灌系统设计的方法进行讨论,以便与更多学者达成共识。

2　凯勒均匀度的定义

2.1　定义1

根据田间测定数据,可用下式计算凯勒均匀度 EU(文献[2]记做 E_U)(%)

$$EU = 100q'_{25\%}/q'_a \tag{1}$$

式中:$q'_{25\%}$ 为占田间实测流量数据25%的低流量数据平均值,L/h;q'_a 为田间所有实测的灌水器流量平均值,L/h。

凯勒均匀度的定义1可表述为:占田间(或灌水小区)实测灌水器流量数据25%的低流量数据平均值与田间(或灌水小区)所有实测的

注:本文原发表于《农业工程学报》2008年第8期。

灌水器流量平均值的比值,以百分数表示。

2.2　定义 2

对于一个计划中的灌水小区设计,可用式(2)来计算凯勒均匀度 $EU(\%)$,即

$$EU = 100(1.0 - 1.27V/\sqrt{e'})q_n/q_a = 100(1.0 - 1.27V_S)q_n/q_a \tag{2}$$

式中:V 为灌水器制造偏差系数,由制造厂家提供或采用公式 $V = s/q_a$ 计算;s 为样本流量的标准差;q_n 为根据灌水器标称流量—压力关系曲线,由系统最小压力算出的灌水器最小流量,也就是最小压力灌水器的流量期望值,L/h;q_a 为灌水小区全部灌水器的平均流量(或设计流量),L/h;e'为每株作物灌水器的最少个数,个;V_S 为系统的制造偏差系数,$V_S = V/\sqrt{e'}$,当 $e' = 1$ 时,$V_S = V$。

系统的制造偏差系数的产生,是因为每株作物(如果树)可能布置有 1 个以上的灌水器,此时,每株作物周围各灌水器流量的偏差有可能彼此之间部分相互补偿,所以平均计算时,分配到每株作物供水总量的偏差可能会小于仅根据 V 值考虑的预计量。

在给定压力作用下,灌水器的流量基本符合钟形正态分布,因此在最小压力灌水器处,因制造偏差而造成样本在相同水头下的出流量不同,其 25% 的低流量数据的平均值约等于

$$q_{25\%} = (1 - 1.27V_S)q_n \tag{3}$$

式中:$q_{25\%}$ 为因制造偏差造成灌水器样本在同一水头下出流量不同,其中位于低流量端 25% 灌水器的流量平均值,L/h。

根据式(1)、式(2),也可写为

$$EU = 100q_{25\%}/q_a \tag{4}$$

由上述可见,凯勒均匀度的定义 2 可表述为:以 q_n 为期望值的灌水小区灌水器最小工作水头点,其灌水器流量分布曲线上低流量端 25% 灌水器的流量平均值与小区灌水器的平均流量(或设计流量)的比值,以百分数表示。

2.3　笔者对两个定义的认识

(1)田间实测灌水器的流量数据,是已包含所有偏差(如水力偏

差、灌水器制造偏差、地形高程偏差、各级管道的内径与长度偏差、水泵工作特性与标定特性的偏差等)的最终结果。

(2)用式(1)计算的 *EU* 指标来评价微灌系统的灌水质量,并根据田间大量试验数据规定出 *EU* 的最低允许值,这是可以接受的;而且,若将田间测定的流量数据理解为每株作物所布置的各灌水器的总流量,这更为合理。但是由实测数据计算的 *EU* 值,在设计阶段是不可能得到的。因此,它只能作为微灌系统的后评价指标。

(3)由式(1)与式(2)计算的 *EU* 值,虽然都称为凯勒均匀度,但其含义是完全不同的,不能混淆。它们的不同之处体现在以下二点:① 式(1)计算的 *EU* 值由实测数据得出,已包含所有偏差影响的实际计算结果;而式(2)仅包含水力与灌水器(或系统)制造二项偏差影响的计算结果。② 式(1)中田间测定的25%最小流量数据可分布于数条毛管,能反映一定范围面上灌水器的出流情况;式(2)中的25%最小流量数据是由概率论推求的,只反映最小压力点(一个点)的出流特性,不反映面上的出流特性,因此作为表征面上灌水质量的均匀度指标,缺乏代表性和合理性。

(4)还必须指出:在微灌系统灌水小区布置以及灌水器选定后,式(2)等号右边的各项便已确定,*EU* 的计算值是唯一确定的。

(5)在 *EU* 的定义中,为什么选用低流量端占样本25%的灌水器流量平均值,而不用低流量端占样本50%、30%、20%等其他比例的灌水器流量平均值,未见有论证,似乎有一定的随意性。

3 用凯勒均匀度设计微灌系统的方法

文献[2]、文献[3]都介绍了用凯勒均匀度设计微灌系统的方法。首先,根据不同情况规定了凯勒均匀度的推荐范围(为便于叙述,本文把推荐的凯勒均匀度记做 EU_T),文献[2]列出了来源于文献[4]的 EU_T 表(见表1)。

表1　不同条件下推荐的 EU_T 值

灌水器类型	e'（个）	地形	EU_T（%）	灌水器类型	e'（个）	地形	EU_T（%）
点源	≥3	均匀坡,坡度≤2%	90~95	微喷	≥3	均匀坡,坡度≤2%	90~95
点源	<3	均匀坡,坡度≤2%	85~90	微喷	<3	起伏地形或坡度>2%	85~90
点源	≥3	起伏地形或坡度>2%	85~90	线源	≥3	均匀坡,坡度≤2%	80~90
点源	<3	起伏地形或坡度>2%	80~90	线源	<3	起伏地形或坡度>2%	70~85

注:e'为每株作物灌水器的个数。

文献[3]以下列文字表述了推荐的 EU_T(%)取值范围。

(1)宽间距、多年生作物的灌水器:

① 均匀地形为90%~94%;

② 陡坡或起伏地形为88%~92%。

(2)用于窄间距(<1.8 m,原文为6 ft)、多年生或半多年生作物的灌水器:

① 均匀地形为86%~90%;

② 陡坡或起伏地形为84%~90%。

(3)用于一年生、行播作物的线水源软管:

① 均匀地形为80%~90%;

② 陡坡或起伏地形为70%~85%。

用凯勒均匀度设计微灌系统的方法为:对已选定的灌水器及灌水小区布置,可将选定的凯勒均匀度推荐值 EU_T 置换式(2)的 EU,求出 q_n,即

$$q_n = \frac{EU_T}{100} \cdot \frac{q_a}{(1.0 - 1.27V_S)} \tag{5}$$

再由所选滴头的水力关系,分别求出与 q_n、q_a 相应的滴头工作水头为 $h_n = \left(\frac{q_n}{k_d}\right)^{\frac{1}{x}}$,$h_a = \left(\frac{q_a}{k_d}\right)^{\frac{1}{x}}$。灌水小区的允许水头差由下式计算

$$[\Delta h] = 2.5(h_a - h_n) \tag{6}$$

即灌水小区内各灌水器的工作水头应在 h_n 与 $[\Delta h] + h_n$ 之间。

式中：k_d 为滴头水力关系中的常系数，由生产厂家提供；[Δh]为灌水小区允许的水头差，m；其余符号意义同前。

4 用凯勒均匀度设计微灌系统的问题

4.1 不能以凯勒均匀度推荐值 EU_T 来替代式(2)中的凯勒均匀度计算值 EU

如前所述，微灌系统的灌水小区布置、灌水器选择等确定后，凯勒均匀度计算值 EU 可由式(2)计算，它是个确定的值；凯勒均匀度推荐值 EU_T 是根据灌水小区情况在一定范围内选择的(见表1)。用一定范围的值(EU_T)来替代一个确定值(EU)，导致式(5)不再符合概率论，变成了一个无根据的算式；且在一些情况下会出现荒诞的结果。表2列出一些情况下 q_n/q_a 的计算结果；其中地形为水平，EU_T 是用表1推荐范围的上、下限值。从表2可见：各种情况下 q_n/q_a 的范围为0.805～1.031。显然，$q_n/q_a \geqslant 1$ 是荒诞的，将导致允许水头偏差为负值；最小工作压力点灌水器流量是不可能、也不应该比所有灌水器的平均流量大。同时，根据文献[5]的成果，灌水小区的流量偏差率 q_v 可按下式计算，其具有足够的精度。

$$q_v = \left(1 - \frac{q_n}{q_a}\right)/0.35 \tag{7}$$

当 $q_n/q_a = 0.805 \sim 1.031$ 时，$q_v = -0.09 \sim 0.557$；负值表示灌水器的最小流量大于最大流量，这显然是不合理的；与我国行业规范规定 $q_v \leqslant 0.2$(相当于 $q_n/q_a = 0.930$)相比，流量偏差率达到0.557也太大。

表2 用 EU_T 上、下限算出的 q_n/q_a

V	e'	V_S	$1-1.27V_S$	EU_T 下限	q_n/q_a	EU_T 上限	q_n/q_a
0.05	6	0.020 4	0.974	90%	0.923	95%	0.975
	2	0.035 4	0.955	85%	0.890	90%	0.942
	1	0.050	0.937	80%	0.805	90%	0.906

续表 2

V	e'	V_S	$1-1.27V_S$	EU_T 下限	q_n/q_a	EU_T 上限	q_n/q_a
0.07	6	0.028 6	0.964	90%	0.934	95%	0.986
	2	0.049 5	0.937	85%	0.907	90%	0.961
	1	0.070	0.911	80%	0.878	90%	0.988
0.10	6	0.040 8	0.948	90%	0.949	95%	1.002
	2	0.070 7	0.910	85%	0.934	90%	0.989
	1	0.100	0.873	80%	0.916	90%	1.031

4.2 式(5)不符合多口出流管的水力学规律

凯勒曾指出:在水平地形下,微灌毛管灌水器平均水头处至毛管末端的水头损失约占全管长水头损失的 1/4,这一点已被后来众多学者的研究所证实。众所周知,水平毛管全管长的水头损失可近似地看做该毛管的水头偏差,对于由一根毛管组成的灌水小区,那么在这里就应该有

$$[\Delta h] \approx 4(h_a - h_n) \tag{8}$$

凯勒将其改为式(6),允许水头差偏小了 37.5%,但未见其论述根据,所以可以肯定:在水平地形下,它不符合多口出流管的水力学规律的。

后人的研究表明:要满足一根毛管或灌水小区灌水器平均流量等于灌水器设计流量,其实际水头偏差将与地形坡度、毛管长度与直径、滴头间距、滴头设计流量等有关,且并不能将允许水头偏差作为实际水头偏差直接赋予毛管或灌水小区。用凯勒均匀度设计微灌系统的方法,没有考虑到这一问题,所以也不符合多口出流管的水力学规律。

再者,即使有了水头偏差,还需要知道最大、最小工作水头的灌水器位置才能将最大、最小工作水头值给予应赋予的灌水器,这在当时难以做到,因为均匀地形坡多口出流管各水力特征值的数解方法直到 1989 年才由笔者提出。

4.3 用凯勒均匀度设计微灌系统的合理性

1975 年，全世界学者对多孔出流管的水力学研究还处于初级阶段，建立比较合理的微灌系统设计方法的技术基础尚不具备。但是，微灌在高效益经济作物上的增产、增收、节水效果已经显现，生产实践迫切需要微灌系统的设计方法。随后凯勒的设计方法、美国夏威夷大学吴义伯教授的设计方法以及一些图解的方法等相继问世，虽然不尽合理，却满足了微灌技术应用的需求，应该说是功不可没的。对吴义伯教授的设计方法，笔者已作过讨论。凯勒在设计方法中引入了灌水器平均流量，还试图计入灌水器制造偏差，其思路是积极的，只是限于技术基础尚不成熟，凯勒的式(5)可能导致流量偏差率太大，式(6)又人为地减小水头偏差(即减小流量偏差)，两个都不正确的式子合用，造成在某些情况下也会出现错误的结果，而在另一些情况下也会出现基本合理的结果。

5 结论

(1)凯勒均匀度(*EU*)两个定义的内涵完全不同，不能等同，更不应混淆。其定义 1 作为微灌系统的后评价指标是可以接受的；定义 2 仅表示灌水小区工作压力最小灌水器(一个点)的出流特性，故作为微灌系统灌水均匀性评价指标是缺乏代表性的。在微灌系统布置及灌水器选定后，*EU* 已经是确定的值，是不能用人为推荐值(EU_T)来替代的，所以以定义 2 作为微灌系统的设计指标是缺乏科学性的。

(2)式(5)不符合多口出流管的水力学规律，因此也是不正确的。

(3)在凯勒提出均匀度指标和微灌设计方法时，其技术基础研究尚不成熟，应该指出，其设计方法对微灌的应用与发展是功不可没的。但时至今日，如将该方法订入我国国家技术法规，则将是技术的倒退，是不可接受的。

参考文献

[1] 凯勒，卡迈里. 微灌设计[M]. 加利福尼亚：雨鸟喷灌制造公司，1975.

[2] 水利部农村水利司，中国灌溉排水发展中心. 节水灌溉工程实用手册[M]. 北

京:中国水利水电出版社,2005:315 - 316,322.
[3] 水利部国际合作司,农村水利司,中国灌排技术开发公司,等.美国国家灌溉工程手册[M].北京:中国水利水电出版社,1998:381,388,403.
[4] Jack Keller, Ron D. Bliesner. Sprinkle and Trickle Irrigation[M]. U. S. A: Blackburn Press, 2001.
[5] 张国祥.微灌毛管水力设计的经验系数法[J].喷灌技术,1991(1):4.
[6] 中华人民共和国水利部.SL 103—95 微灌工程技术规范[S].北京:中国水利水电出版社,1995.
[7] 张国祥.微灌毛管水力学研究[J].喷灌技术,1990(2):9.
[8] 张国祥,杜茂林.微灌水力设计方法的商榷与建议[J].节水灌溉,1990(3):27.
[9] 傅琳,等.微灌工程技术指南[M].北京:水利电力出版社,1988:102.

微灌毛管水力设计的经验系数法

1 引言

为克服现行微灌水力设计方法存在的弊病，笔者在文献[1]中建议将水力设计的基本公式修改为如下形式

流量偏差率

$$q_v = (q_{max} - q_{min})/q_a \tag{1}$$

水头偏差率

$$h_v = (h_{max} - h_{min})/h_a \tag{2}$$

毛管进口流量

$$Q_0 = Nq_a \tag{3}$$

补充公式（两个式子等效）为

$$\left.\begin{aligned} h_a &= h_d \\ q_a &= q_d \end{aligned}\right\} \tag{4}$$

以上式中：Q_0 为毛管进口的流量，L/h；q_{max}、q_{min}分别为毛管上工作水头最大、最小的灌水器流量，L/h；h_{max}、h_{min}分别为与 q_{max}、q_{min}对应的灌水器工作水头，m；q_v、h_v 分别为毛管上各灌水器的流量偏差率、水头偏差率；q_a、q_d 分别为毛管上各灌水器的平均流量和灌水器设计流量，L/h；h_a、h_d分别为与 q_a、q_d 对应的水头，h_d 也称为灌水器设计水头，m；N 为毛管上灌水器的总数。

式(4)要求 q_a 与 q_d、h_a 与 h_d 等值；后文中仅用 q_a 与 h_a，请按式(4)予以理解。

为了在微灌设计中应用上述公式，必须补充 q_{max}（或 q_{min}）与 q_a 的关系式；现行的微灌水力设计方法存在的问题正是缺乏这个关系式的

注：本文原发表于《喷灌技术》1991 年第 1 期，本次有修改，主要是增加了按毛管坡降选择经验系数的内容。

无奈。本文将采用经验系数法来建立这个关系,并对有关问题进行讨论。

2 推导出补充公式

令

$$\left.\begin{aligned} \alpha &= \frac{q_{max} - q_a}{q_{max} - q_{min}} \\ 1 - \alpha &= \frac{q_a - q_{min}}{q_{max} - q_{min}} \end{aligned}\right\} \tag{5}$$

式中:α 为经验系数。

在式(5)中引用式(1),可得 $\alpha = \frac{q_{max} - q_a}{q_a} \cdot \frac{q_a}{q_{max} - q_{min}} = \left(\frac{q_{max}}{q_a} - 1\right)q_v^{-1}$,进而可推导出需要的关系式为

$$\left.\begin{aligned} q_{max} &= (1 + \alpha q_v)q_a \\ q_{min} &= [1 - (1 - \alpha)q_v]q_a \end{aligned}\right\} \tag{6}$$

3 α 取值及其对结果的影响

为了确定 α 的取值,选择了四种灌水器,其型号、设计流量、设计水头、灌水器水力关系等均列于表1。毛管坡降 J 的范围为 $-0.05 \sim 0.05$,用逆流递推逐步逼近的方法,计算不同灌水器个数时毛管的 q_{max}、q_{min}、q_a、h_{max}、h_{min}、q_v 及 α 值;将 $q_v = 0.1 \sim 0.24$ 范围内的 α 值点绘于图1;在所讨论的范围内,毛管坡降 J、灌水器种类、孔距 S 等对 α 值均有影响。α 值的取值范围为 $0.525 \sim 0.775$,后文将分析说明 α 取值对 q_{max}(和 q_{min})的影响是不敏感的,故通常可取其中值,并作为常量,即 $\alpha = 0.65$。

若需要提高其精度,则可按不同的 J 值取用不同的 α 值;根据图1,建议按表2选用 α 值,中间可插值(取两位小数)。

表 1　计算中选用的灌水器及其各种参数

序号	厂家或名称	水力性能(水头,m;流量,L/h)			灌水器间距 S(m)
		关系式	设计水头	设计流量	
1	农田灌溉所	$q = 12.26h^{0.49}$	10.00	40.98	2.1、3.0
2	LEGO 四个并联	$q = 4 \times 1.203h^{0.568}$	10.00	17.80	4.0、6.0
3	DRIPLE X	$q = 1.409h^{0.71}$	10.00	7.23	2.0、4.0
4	RAIN – BIRD	$q = 0.656h^{0.768}$	10.00	3.79	0.5、1.0

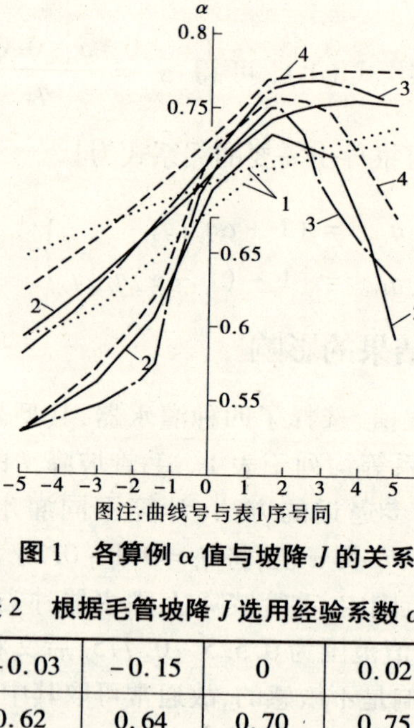

图注:曲线号与表1序号同

图 1　各算例 α 值与坡降 J 的关系

表 2　根据毛管坡降 J 选用经验系数 α 值

J	−0.05	−0.03	−0.15	0	0.02	0.03	0.05
α	0.59	0.62	0.64	0.70	0.75	0.73	0.69

为了估计 α 取值对 $q_{\max}$、$q_{\min}$ 的影响,对式(6)进行微分可得

$$\left.\begin{aligned} dq_{\max} &= (\alpha dq_v + q_v d\alpha) q_a \\ dq_{\min} &= -[(1-\alpha) dq_v - q_v d\alpha] q_a \end{aligned}\right\}$$

则

$$\left.\begin{aligned}\left|\frac{dq_{max}}{q_{max}}\right| &= \frac{\alpha dq_v + q_v d\alpha}{1+\alpha q_v}\\ \left|\frac{dq_{min}}{q_{min}}\right| &= \frac{q_v d\alpha - (1-\alpha)dq_v}{1-(1-\alpha)q_v}\end{aligned}\right\}$$

取 $d\alpha = 0.125$，$q_v = 0.2$，$dq_v = 0.005$，代入上式，可估计相对误差为

$$\frac{dq_{max}}{q_{max}} \leqslant \frac{0.65\times0.005+0.2\times0.125}{1+0.65\times0.2} = 2.5\%$$

$$\frac{dq_{min}}{q_{min}} \leqslant \frac{0.2\times0.125-0.35\times0.005}{1-0.35\times0.2} = 2.5\%$$

可见当经验系数 α 取 0.65，在 $J=-0.05\sim0.05$ 范围内时，流量误差在 2.5% 以内。由此，式(6)可直接表示为

$$\left.\begin{aligned}q_{max} &= (1+0.65q_v)q_a\\ q_{min} &= (1-0.35q_v)q_a\end{aligned}\right\}\tag{6'}$$

考虑进灌水器的出流关系，可得到用水头表示的经验系数公式为

$$\left.\begin{aligned}h_{max} &= (1+0.65q_v)^{\frac{1}{x}}h_a\\ h_{min} &= (1-0.35q_v)^{\frac{1}{x}}h_a\end{aligned}\right\}\tag{7}$$

4　h_v 与 q_v 的关系

由式(2)和灌水器的出流关系式可推导出 h_v 与 q_v 的关系式，步骤如下

$$h_v = \frac{h_{max}-h_{min}}{h_a} = \frac{q_{max}^{\frac{1}{x}} - q_{min}^{\frac{1}{x}}}{q_a^{\frac{1}{x}}} = (1+\alpha q_v)^{\frac{1}{x}} - [1-(1-\alpha)q_v]^{\frac{1}{x}}$$

将等式右边按二项式展开，取前三项，得

$$(1+\alpha q_v)^{\frac{1}{x}} = 1 + \frac{\alpha q_v}{x} + \frac{\alpha^2(1-x)q_v^2}{2x^2}$$

$$[1-(1-\alpha)q_v]^{\frac{1}{x}} = 1 - \frac{(1-\alpha)q_v}{x} + \frac{(1-\alpha)^2(1-x)q_v^2}{2x^2}$$

代入前式可得

$$h_v = \frac{q_v}{x}\left(1 + \frac{(2\alpha - 1)(1 - x)q_v}{2x}\right) \tag{8}$$

换项后得

$$q_v = \begin{cases} h_v & (x = 1) \\ \dfrac{\sqrt{1 + (4\alpha - 2)(1 - x)h_v} - 1}{(2\alpha - 1)} \cdot \dfrac{x}{1 - x} & (x \neq 1) \end{cases} \tag{9}$$

代入 α 的取值,可得到式(8)与式(9)的实用计算式;当 α 取 0.65 时,以上两式分别为

$$h_v = \frac{q_v}{x}\left(1 + \frac{0.15(1 - x)q_v}{x}\right) \tag{10}$$

$$q_v = \begin{cases} h_v & (x = 1) \\ \dfrac{\sqrt{1 + 0.6(1 - x)h_v} - 1}{0.3} \cdot \dfrac{x}{1 - x} & (x \neq 1) \end{cases} \tag{11}$$

以上式中:x 为灌水器的水头(流态)指数;其余符号意义同前。

5 计算步骤和方法

在选定灌水器并完成毛管管线布设后,运用经验系数公式进行毛管水力设计的步骤与方法(暂称为:经验系数法)叙述于后。

5.1 计算毛管的极限孔数 N_m

5.1.1 计算毛管的允许水头偏差率[h_v]

根据微灌系统的允许流量偏差率[Q_v],计算系统的允许水头偏差率[H_v];再根据支、毛管之间水头偏差的分配比例,确定本系统毛管的允许水头偏差率[h_v]。

5.1.2 计算或试算确定毛管的极限孔数 N_m 并确定采用的孔数 N

具体算法参见文献[2]。采用的孔数应符合:$N \leqslant N_m$。

5.2 计算采用毛管的允许流量偏差率 q_v

因灌水器在毛管上以间距 S 离散分布,确定毛管的极限孔数时,毛管的 q_v 常略小于 [q_v];同时,毛管的孔数 N 也常小于 N_m,因此一般情况下采用毛管的 q_v < [q_v],故不能以[q_v]来代替采用毛管的 q_v,需要计

算采用值。

5.2.1　确定毛管上 q_{max}、q_{min} 孔的编号

q_{min} 的孔号由下式计算

$$p_n = \begin{cases} 1 & (r \leqslant 1) \\ \mathrm{INT}(r^{0.571} + 1) & (r > 1) \end{cases} \tag{12}$$

式中：p_n 为毛管的最小压力孔（即灌水器）编号，自下游末孔开始逆流向上编号（本文均同）；r 为降比，$r = Jd^{4.75}/(Kfq_a^{1.75})$；INT( ) 为将括号内的实数舍去小数部分取正整数。

q_{max} 只能出现在首、末孔（即第 N 号或第 1 号孔），由式(11)计算 F 值来判定

$$F = \frac{(N-0.52)^{2.75}}{2.75r(N-1)} \tag{13}$$

当 $F<1$ 时，则 $p_m=1$；当 $F\geqslant 1$ 时，则 $p_m = N$。式中：p_m 为毛管上压力最大孔的编号；N 为毛管的总孔数。由式(12)与式(13)不难理解，当 $r\leqslant 1$，恒有 $p_m = N$、$p_n=1$。

5.2.2　计算采用毛管的水头（压力）偏差率 h_v

h_v 由式(2)计算，而 $\Delta h_{max} = h_{max} - h_{min}$，需要根据相关参数选择下列公式之一来计算。

(1) 当 $r\leqslant 1$ 时，恒有 $p_m=N$、$p_n=1$，故有

$$\Delta h_{max} = h_N - h_1 = Gh_a\left[\frac{(N-0.52)^{2.75}}{2.75} - r(N-1)\right] \tag{14}$$

(2) 当 $r>1$，$p_m = 1$ 且 $N \geqslant p_n$ 时，最大压力偏差为 1 号孔与 p_n 号孔的水头差，并与 N 无关，即

$$\Delta h_{max} = h_1 - h_{p_n} = Gh_a\left[r(p_n-1) - \frac{(p_n-0.52)^{2.75}}{2.75}\right] \tag{15}$$

(3) 当 $r>1$，$p_m = 1$ 且 $N < p_n$ 时，最大压力偏差为 1 号孔与 N 号孔的水头差，即

$$\Delta h_{max} = h_1 - h_N = Gh_a\left[r(N-1) - \frac{(N-0.52)^{2.75}}{2.75}\right] \tag{16}$$

(4) 当 $r>1$，$p_m = N$ 时，最大压力偏差为 N 号孔与 p_n 号孔的水头

差,即

$$\Delta h_{max} = h_N - h_{p_n} = Gh_a\left[\frac{(N-0.52)^{2.75}-(p_n-0.52)^{2.75}}{2.75} - r(N-p_n)\right] \tag{17}$$

式中:G 为压比,$G = KfSq_a^{1.75}/(h_a d^{4.75})$;$K$ 为全等距、等量多孔管的总损失扩大系数;S 为孔(灌水器)间距,m;f 为沿程损失系数;水头 h 的下标表示该水头所在的孔号。

5.2.3 计算采用毛管的 q_v

在得到 h_v 后,由式(11)计算 q_v。

5.3 计算 q_{max} 和 h_{max}

由式(6)计算 q_{max},由式(7)或根据 q_{max} 由灌水器水力关系求出 h_{max}。

5.4 毛管进口水头 h_0

根据最大压力(水头)孔的位置,选用下列公式之一计算毛管进口水头。

(1)当 $p_m = N$ 时

$$h_0 = h_N + \frac{\left(1 + k\frac{S}{S_N}\right)fS_N(Nq_a)^{1.75}}{d^{4.75}} - JS_N \tag{18}$$

式中:S_N 为毛管进口段的(即第 N 管段)长度,m;k 为局部水头损失与长为 S 管段沿程水头损失的比值,$k = K - 1$。

(2)当 $p_m = 1$ 时,需先从第 1 号孔推算至第 N 号孔的水头,即

$$h_N = h_1 + Gh_a\left[\frac{(N-0.52)^{2.75}}{2.75} - r(N-1)\right] \tag{19}$$

h_0 仍由式(18)计算。

6 算例

某果园果树株距为 4 m,每株树用管式滴头 4 个,滴头设计水头 h_a = 10 m,$q_a = 3.485 \times 4 = 13.94$(L/h),滴头水力关系 $q = 4 \times 0.72h^{0.685}$;$K = 1.1$,$S_N = S = 4$ m,$[q_v] = 0.20$。试求在 $J = \pm 0.05$、± 0.03、0 的条件

下，ϕ10 mm 毛管的极限孔数 N_m 和进口水头 h_0。

极限孔数的求解过程略去，结果列于表3。以极限孔数作为毛管使用孔数，下面以 $J=0.05$ 为例，列出计算过程。

表3 算例计算成果及比较(取 $\alpha=0.65$)

J	N_m	r	p_n	判定数 F	p_m	经验系数法				逆流递推法		Δh_0
						h_v	q_v	h_N	h_0	q_a	h_0	(%)
0.05	21	50.33	10	1.39	21	0.293	0.198	11.93	12.55	13.94	12.68	-1.03
0.03	19	30.20	7	2.06	19	0.271	0.183	11.79	12.36	13.94	12.53	-1.36
0	16	0	1	—	16	0.270	0.183	11.78	12.29	13.94	12.36	-0.6
-0.03	13	-30.20	1	—	13	0.293	0.198	11.93	12.40	13.94	12.21	1.6
-0.05	11	-50.33	1	—	11	0.292	0.198	11.93	12.39	13.94	12.09	2.5

6.1 计算有关参数

(1)降比

$$r = Jd^{4.75}/(Kfq_a^{1.75}) = 0.05 \times 10^{4.75}/(1.1 \times 0.505 \times 13.94^{1.75})$$

$$= 50.33 > 1$$

(2)压比

$$G = KfSq_a^{1.75}/(h_a d^{4.75}) = 1.1 \times 0.505 \times 4 \times 13.94^{1.75}/(10 \times 10^{4.75})$$

$$= 3.974 \times 10^{-4}$$

(3)最小压力(水头)孔号按式(12)计算

$$p_n = \mathrm{INT}(50.33^{0.571} + 1) = 10$$

(4)最大压力孔号按式(13)判定：$F=1.39>1.0$，故 $p_m=N=21$

6.2 计算 Δh_{max} 和 h_v

(1)因 $r>1$，且 $p_m=N$(即上游首孔)，按式(17)计算，则

$$\Delta h_{max} = 3.974 \times 10^{-4} \times 10 \times$$

$$\left[\frac{(21-0.52)^{2.75} - (10-0.52)^{2.75}}{2.75} - 50.33 \times (21-10)\right] = 2.93(\mathrm{m})$$

(2)h_v 由式(2)计算

$$h_v = 2.93/10 = 0.293$$

6.3 计算 q_v

按式(11)计算

$$q_v = \frac{\sqrt{1+0.6\times(1-0.685)\times 0.293}-1}{0.3}\times\frac{0.685}{1-0.685} = 0.198 < [q_v]$$

6.4 计算 h_{max}

按式(7)计算,因 $p_m = 21$,故 $h_{max} = h_{21} = (1+0.65\times 0.198)^{1/0.685}\times 10 = 11.93(\text{m})$

6.5 计算 h_0

因最大压力孔为上游首孔,进口水头由式(18)计算,则

$$h_0 = 11.93 + \frac{1.1\times 0.505\times 4\times(21\times 13.94)^{1.75}}{10^{4.75}} - 0.05\times 4$$

$$= 12.55(\text{m})$$

其余坡降的计算过程省略,结果汇总于表3。另按逆流递推逐步逼近方法计算的结果也列于表3;经验系数法 h_0 与逆流递推法的误差(Δh_0)列于表3中最后一列,可见本文计算的精度可满足实用要求。

为比较按毛管坡降 J 选用 α 值的计算精度情况,将按表2选用 α 值的经验系数法结果与逆流递推法计算的结果列于表4,从表中可以看出精度有所提高。

表4 算例计算成果及比较表(α 按 J 选用)

J	N_m	r	p_n	p_m	经验系数法					逆流递推法		Δh_0
					α	h_v	q_v	h_N	h_0	q_a	h_0	(%)
0.05	21	50.33	10	21	0.69	0.293	0.197	12.05	12.67	13.94	12.68	-0.01
0.03	19	30.20	7	19	0.73	0.271	0.182	12.00	12.57	13.94	12.53	0.32
0	16	0	1	16	0.70	0.270	0.182	11.91	12.42	13.94	12.36	0.49
-0.03	13	-30.20	1	13	0.62	0.293	0.199	11.85	12.32	13.94	12.21	0.74
-0.05	11	-50.33	1	11	0.59	0.292	0.198	11.75	12.21	13.94	12.09	0.99

7 结论

(1)本文建立了毛管 q_{max}(q_{min})与 q_v、q_a 的关系式(见式(6)),并通

过多个灌水器算例，确定了经验系数 α 的取值；在微灌水力设计中对多孔管进口的水头赋值从此有了合理的依据，也使以有限孔数毛管（多孔管）水力学为技术基础的微灌水力设计方法成为可能。

（2）流量（水头）按式（1）、式（2）定义的条件下，导出了 q_v 与 h_v 的换算关系式，使微灌水力设计方法改进的实际操作成为现实。

（3）一般情况下，取经验系数 $\alpha=0.65$ 时，毛管地形坡降 J 在 $-0.05\sim0.05$ 的范围内具有够用的计算精度。

（4）对于有高精度要求的微灌系统，可考虑按表 2 根据毛管地形坡降 J 来选用 α 值，从表 4 可以看出计算精度有所提高。

参考文献

[1] 张国祥，杜茂林. 微灌水力设计方法的商榷与建议[J]. 节水灌溉，1990(3):27.
[2] 张国祥. 微灌毛管水力学研究[J]. 喷灌技术，1990(2):9-16.

微灌灌水小区水力设计的经验系数法

1 引言

我国行业标准《微灌工程技术规范》(SL 103—95)(后文简称规范),根据笔者的研究成果,将灌水小区内灌水器流量和工作水头偏差率计算公式中的分母,由灌水器最大流量和最大工作水头改为灌水器的设计流量和设计工作水头,还规定:微灌系统灌水小区各灌水器流量的平均值,应等于灌水器的设计流量。这些规定克服了原美国的设计方法理论上不严密,并可能加大工程投资和运行费用等弊病,无疑是合理的。然而,要使灌水小区灌水器流量的平均值等于灌水器的设计流量,计算工作量比较大,还没有形成具有一定精度且简便的计算方法,所以在实际设计中对灌水小区进口水头的确定,还常有一定的随意性,对规范的全面执行有一定的影响,并导致系统运行费用偏高与灌水质量降低。本文试图在文献[2]的基础上,将经验系数法从一条毛管扩展到灌水小区(等于扩展到微灌系统),形成微灌系统灌水小区水力设计的经验系数法。

2 已有基础

文献[2]建立的均匀坡等距(孔口间距相等)多孔出流管的计算关系式

$$\left.\begin{aligned} q_{\max} &= (1 + 0.65q_v)q_a \\ q_{\min} &= (1 - 0.35q_v)q_a \end{aligned}\right\} \tag{1}$$

并由此推导出

注:本文原发表于《节水灌溉》2005 年第 6 期,本次有修改。

$$\left.\begin{aligned} h_{max} &= (1 + 0.65q_v)^{\frac{1}{x}} h_a \\ h_{min} &= (1 - 0.35q_v)^{\frac{1}{x}} h_a \end{aligned}\right\} \tag{2}$$

$$\left.\begin{aligned} q_v &= \frac{\sqrt{1 + 0.6(1 - x)h_v} - 1}{0.3} \cdot \frac{x}{1 - x} & x \neq 1 \\ q_v &= h_v & x = 1 \end{aligned}\right\} \tag{3}$$

$$h_v = \frac{q_v}{x}\left(1 + 0.15\frac{1 - x}{x}q_v\right) \tag{4}$$

式中：q_{max}、q_{min}分别为该多孔管上压力最大、最小的灌水器流量，L/h；h_{max}、h_{min}分别为该多孔管上压力最大、最小的灌水器工作水头，m；q_v、h_v分别为该多孔管的流量偏差率、水头偏差率，其定义与规范相同；q_a 为该多孔管各灌水器的平均流量，L/h；h_a 是指流量为 q_a 的灌水器工作水头，m；x 为灌水器水头（流态）指数。

式中的常数0.65便是由文献[2]中得出的经验系数，文献[2]还认为：在沿多孔管地形为均匀坡，其坡度 J 在 $-0.05 \sim 0.05$ 范围内时，上述公式有足够的实用精度。

3 计算公式推求

3.1 微灌水力设计基本公式

众所周知，微灌灌水小区水力设计的基本公式为

$$\left.\begin{aligned} q_v &= (q_{max} - q_{min})/q_a \leqslant [q_v] \\ h_v &= (h_{max} - h_{min})/h_a \leqslant [h_v] \end{aligned}\right\} \tag{5}$$

或

$$\left.\begin{aligned} q_a &= q_d \\ h_a &= h_d \end{aligned}\right\} \tag{6}$$

式中：q_d、h_d 分别为灌水器的设计流量和设计工作水头，L/h 和 m；$[q_v]$、$[h_v]$分别为灌水器的允许流量偏差率和允许水头偏差率；其余符号意义同前。

式(5)是使小区各灌水器的出流量满足流量偏差率的要求，只要满足其中一个算式则另一个算式自动满足（即二式等价）；式(6)是使

小区各灌水器流量的平均值等于灌水器的设计流量,同样,式(6)中的两个算式也是等价的。

本文的任务:建立灌水小区内灌水器最大流量 q_{max} 与 q_d 的关系或 h_{max} 与 h_d 的关系,用以确定灌水小区(后文中简称小区)进口的水头值,实现小区各灌水器流量的平均值等于灌水器的设计流量,使微灌系统的水力设计更为科学、规范更便于贯彻、微灌系统更为高效。

3.2 公式的导出

微灌小区支管、毛管布置如图1所示。A 为小区进口,毛管按逆流向编号(1,2,…,n)示于右侧;灌水器按逆流向编号为1,2,…,N;$J_{支}$ 与 $J_{毛}$ 分别表示沿支管、毛管的地形坡度。

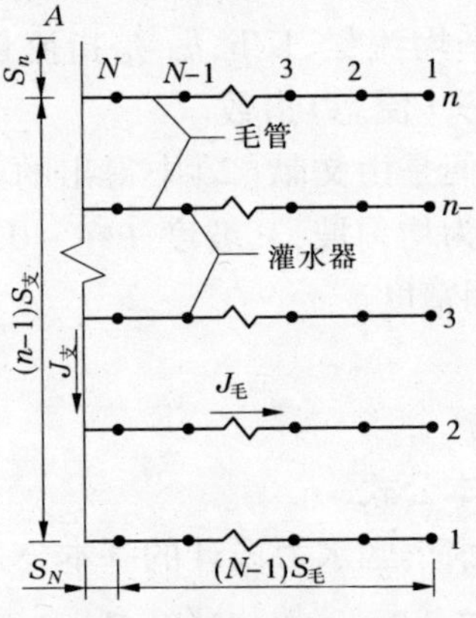

图1 微灌小区的布置

根据文献[2],小区内每一根毛管均符合式(1)、式(2)。对于小区的流量和水头偏差率,将式(6)代入式(5),可得

$$\left.\begin{aligned} q_v &= (q_{max} - q_{min})/q_d \\ h_v &= (h_{max} - h_{min})/h_d \end{aligned}\right\} \tag{7}$$

式中符号意义同前。

众所周知,小区流量偏差率是由支管和毛管上的水头偏差形成的。因此,可将小区流量偏差率分成支管流量偏差率 $q_{v支}$ 与毛管流量偏差率 $q_{v毛}$ 两项,即 $q_v = q_{v支} + q_{v毛}$;支管上必定也有流量最大和最小的孔号

（即毛管编号），则有

$$q_{v支} = \frac{Nq_{a\max} - Nq_{a\min}}{Nq_d} = \frac{q_{a\max} - q_{a\min}}{q_d} \tag{8}$$

式中：$q_{a\max}$ 为流量最大毛管的灌水器平均流量，L/h；$q_{a\min}$ 为流量最小毛管的灌水器平均流量，L/h；N 为每条毛管上灌水器个数；其余符号意义同前。

由式(8)可知，支管的流量偏差率 $q_{v支}$ 即为小区各毛管的灌水器平均流量的偏差率。至于毛管的流量偏差率 $q_{v毛}$ 仍由灌水器平均流量等于小区灌水器设计流量的（虚拟）毛管（称为平均流量毛管）的流量偏差率来表示，即该毛管上灌水器最大与最小流量之差除以灌水器的设计流量（亦为该毛管上灌水器的平均流量）。

设想将各条毛管上平均流量的灌水器连接成一条虚拟的多孔出流管，其各孔出流量分别为相应毛管的灌水器平均流量，孔距为毛管间距，称为平均流量支管，并把实际支管的水头偏差近似地作为平均流量支管的水头偏差。由此可以得出：小区的流量偏差率可由平均流量支管与平均流量毛管（后文简称支管、毛管）的流量偏差率之和来表示。

对于虚拟的平均流量支管，根据式(1)和式(8)，可求得小区内流量最大毛管的灌水器平均流量，即

$$q_{a\max} = (1 + 0.65q_{v支})q_d \tag{9}$$

小区内最大流量灌水器必定位于流量最大的毛管上，根据式(1)和式(9)，其流量值为

$$q_{\max} = (1 + 0.65q_{v毛})q_{a\max} = (1 + 0.65q_{v毛})(1 + 0.65q_{v支})q_d \tag{10}$$

以上两式中：$q_{\max}$ 为小区内水头最大灌水器的流量，L/h；$q_{v支}$ 为支、毛管布置后，实际采用的支管流量偏差率；$q_{v毛}$ 为支、毛管布置后，实际采用的毛管流量偏差率。

根据式(2)，流量最大灌水器的工作水头 $h_{\max}$ 可由下式求出，即

$$h_{\max} = [(1 + 0.65q_{v毛})(1 + 0.65q_{v支})]^{\frac{1}{x}}h_d \tag{11}$$

式(10)、式(11)即为按经验系数法推求的小区灌水器最大流量与灌水器设计流量的关系和小区灌水器最大工作水头与灌水器设计工作水头

的关系，是灌水小区水力设计经验系数法的基础公式。

求得灌水器最大工作水头之后，再根据判定的工作水头最大的灌水器位置，即可求得支管进口（A 点）的水头 h_A，如该灌水器为第 n 号毛管上的第 N 号（即上游首条毛管的首孔），则有

$$h_A = h_{max} + \frac{K_N f S_N (N q_{amax})^{1.75}}{d^{4.75}} - J_{毛} S_N + \frac{K_n f S_n (n N q_d)^{1.75}}{D^{4.75}} - J_{支} S_n \tag{12}$$

式中：h_A 为使小区灌水器平均流量等于灌水器的设计流量时，支管进口应赋予的水头，m；h_{max} 为小区灌水器的最大工作水头，m，此时该灌水器的流量为 q_{max}；f 为沿程摩阻系数，微灌用聚乙烯管，则 $f = 0.505$；S_n 为支管进口段（即第 n 管段）的长度，m；S_N 为毛管进口段（即第 N 管段）的长度，m；$J_{毛}$ 为沿毛管地形坡度，顺流向下坡为正；$J_{支}$ 为沿支管地形坡度，顺流向下坡为正；n 为支管上分流孔个数，当毛管单侧布置时，即为毛管根数；d 为毛管的内径，mm；D 为支管的内径，mm；K_N、K_n 分别为毛管、支管进口段的总损失扩大系数，$K_N = 1 + (K_1 - 1) S_{毛}/S_N$，$K_n = 1 + (K_2 - 1) S_{支}/S_n$，$K_1$、$K_2$ 分别为毛管、支管的总损失扩大系数；其余符号意义同前。

工作水头最大灌水器的可能位置共有 4 个：第 n 号毛管的 N 号和 1 号，第 1 号毛管的 N 号和 1 号。可参见文献[3]，推导出工作水头最大灌水器在其他位置时支管进口水头的计算式。

4　灌水小区支管进口水头确定步骤

本文仅列出小区布置已完成，支管、毛管管径也已确定后的计算步骤。

（1）按文献[3]，分别计算支管、毛管的降比 r 和压比 G。

（2）按文献[3]，分别计算判定支管、毛管上的最小、最大压力孔号，即找出小区工作水头最大、最小灌水器位置。

（3）按文献[3]，分别计算毛管、支管的水头偏差；计算毛管的水头偏差率，并由式（3）计算毛管的流量偏差率 $q_{v毛}$；由支管、毛管水头偏差之和除以灌水器设计水头 h_d 得到小区的水头偏差率 h_v，同样由式（3）

计算小区的流量偏差率 q_v，则支管的流量偏差率为 $q_{v支} = q_v - q_{v毛}$。

(4)由式(11)计算出小区灌水器的最大工作水头 h_{max}。

(5)根据前面判定的小区工作水头最大的灌水器位置，选择计算式，求得小区进口水头 h_A。

计算中请注意：流量最大毛管进口段的流量为 Nq_{amax}；支管各孔流量的平均值为 Nq_d，支管进口段流量为 nNq_d。

5 算例

5.1 算例基本数据

4 个微灌小区在完成布置之后，作为 4 个微灌小区水力设计算例，其基本数据列于表 1；支管、毛管布置及表中符号意义参见图 1。

表 1 基本数据

算例	灌水器水力关系	灌水器设计流量与设计水头		管名	内径 d 或 D (mm)	$S_毛$ 或 $S_支$ (m)	S_N 或 S_n (m)	$J_毛$ 或 $J_支$	N 或 n	总损失扩大系数 K_1 或 K_2
		q_d (L/h)	h_d (m)							
1	$q = 0.56h^{0.5}$	1.319	5.548	毛管	16	0.35	0.2	0	280	1.10
				支管	22.2	1.0	0.5	0.01	10	1.05
2	$q = 0.56h^{0.5}$	1.497	7.146	毛管	16	0.35	0.2	0	280	1.10
				支管	22.2	1.0	0.5	0.05	10	1.05
3	$q = 0.8h^{0.7}$	3.451	8.071	毛管	16	0.5	0.25	0.01	158	1.10
				支管	28.4	3.0	1.5	0.05	10	1.05
4	$q = 0.8h^{0.7}$	3.693	8.890	毛管	16	0.5	0.25	-0.01	110	1.10
				支管	28.4	3.0	1.5	-0.05	6	1.05

注：1. 坡度 J 以顺流向下坡为正，反之为负。

2. N 为每根毛管上的灌水器数量，个。

3. n 为每条支管上的分流孔数。

4. K_1、K_2 分别为毛管、支管的总损失扩大系数。

5.2 计算算例 1 的支管进口水头 h_A

5.2.1 经验系数法

(1)按文献[3],计算支管、毛管的降比 r 和压比 G 分别为

$$r_{毛} = \frac{J_{毛}\ d^{4.75}}{K_1 f q_d^{1.75}} = 0$$

$$G_{毛} = \frac{K_1 f S_{毛}\ q_d^{1.75}}{h_d d^{4.75}} = \frac{1.1 \times 0.505 \times 0.35 \times 1.319^{1.75}}{5.548 \times 16^{4.75}} = 1.085 \times 10^{-7}$$

$$r_{支} = \frac{J_{支}\ D^{4.75}}{K_2 f (N q_d)^{1.75}} = \frac{0.01 \times 22.2^{4.75}}{1.05 \times 0.505 \times (280 \times 1.319)^{1.75}} = 1.506$$

$$G_{支} = \frac{K_2 f S_{支}(N q_d)^{1.75}}{h_d D^{4.75}} = \frac{1.05 \times 0.505 \times 1 \times (280 \times 1.319)^{1.75}}{5.548 \times 22.2^{4.75}}$$

$$= 1.197 \times 10^{-3}$$

(2)因为毛管的降比 $r \leqslant 1$,毛管最小压力孔号为 $p_n = 1$,毛管最大压力孔号为 $p_m = N = 280$;支管的降比 $r > 1$,按文献[3],$p_n = \mathrm{INT}(r^{0.751} + 1) = \mathrm{INT}(1.506^{0.751} + 1) = 2$;因
$\frac{(n-0.52)^{2.75}}{2.75(n-1)r} = \frac{(10-0.52)^{2.75}}{2.75 \times (10-1) \times 1.506} = 13.03 > 1$ 故 $p_m = n$。因此,小区工作水头最大的灌水器为第 n 号毛管上的第 280 号;工作水头最小的灌水器为第 2 号毛管的第 1 号。

(3)毛管的降比 $r = 0$,按文献[3]计算毛管的水头偏差率,即

$$h_{v毛} = G_{毛}\left[\frac{(N-0.52)^{2.75}}{2.75} - r_{毛}(N-1)\right]$$

$$= 1.085 \times 10^{-7} \times \left[\frac{(280-0.52)^{2.75}}{2.75}\right] = 0.2107$$

按本文式(3)计算毛管的流量偏差率,即

$$q_{v毛} = \frac{\sqrt{1 + 0.6(1-x)h_{v毛}} - 1}{0.3} \cdot \frac{x}{1-x}$$

$$= \frac{\sqrt{1 + 0.6 \times (1-0.5) \times 0.2107} - 1}{0.3} \times \frac{0.5}{1-0.5} = 0.104$$

支管的降比 $r = 1.506 > 1$,且 $p_m = n, p_n = 2$,按文献[3]计算支管的水头

偏差率,即

$$h_{v支} = G_{支}\left[\frac{(n-0.52)^{2.75}-(p_n-0.52)^{2.75}}{2.75} - r_{支}(n-p_n)\right]$$

$$= 1.197 \times 10^{-3} \times \left[\frac{(10-0.52)^{2.75}-(2-0.52)^{2.75}}{2.75} - 1.506 \times (10-2)\right]$$

$$= 0.1956$$

小区水头偏差率 $h_v = h_{v支} + h_{v毛} = 0.2107 + 0.1956 = 0.4063$;小区流量偏差率按式(3)计算,即

$$q_v = \frac{\sqrt{1+0.6(1-x)h_v}-1}{0.3} \cdot \frac{x}{1-x}$$

$$= \frac{\sqrt{1+0.6\times(1-0.5)\times 0.4063}-1}{0.3} \times \frac{0.5}{1-0.5} = 0.197 < 0.20$$

支管的流量偏差率为

$$q_{v支} = q_v - q_{v毛} = 0.197 - 0.104 = 0.093$$

(4)由本文式(11)计算出小区灌水器的最大工作水头 h_{max} 为

$$h_{max} = [(1+0.65\times 0.104)\times(1+0.65\times 0.093)]^{\frac{1}{0.5}} \times 5.548$$

$$= 7.111(m)$$

(5)根据前面判断的小区工作水头最大的灌水器位置为第 n 号毛管的第 N 号,计入第 n 号毛管进口段的地形高差与水头损失、支管进口段的地形高差与水头损失,即可求得为保证小区灌水器平均流量等于灌水器设计流量应赋予小区进口的水头值 h_A;本算例应按本文式(12)计算,流量最大毛管的灌水器平均流量按式(9)计算,即

$$q_{amax} = (1+0.65\times 0.093)\times 1.319 = 1.399(L/h)$$

$$h_A = 7.111 + \frac{1.175\times 0.505\times 0.2\times(280\times 1.399)^{1.75}}{16^{4.75}} +$$

$$\frac{1.1\times 0.505\times 0.5\times(10\times 280\times 1.319)^{1.75}}{22.2^{4.75}} - 0.01\times 0.5 = 7.30(m)$$

其余三个算例的计算过程这里不再赘述。四个算例的结果列于表2。

5.2.2 详算法及计算结果汇总

文献[3]中论述了一条毛管的详算法。对于微灌小区,所用计算

式同文献[3],但需从最下游毛管(第1号毛管)的最后一个灌水器起,假设其工作水头,逆流递推计算每一个灌水器的水头与流量,得到支管末端的水头和支管最下游管段的流量;再沿支管逆流递推得到第2号毛管进口的水头。另假定第2号毛管最下游灌水器的工作水头,递推计算至其进口,得到进口水头与流量,如此进口水头与由支管推得的进口水头相等,则第2号毛管计算完成;否则,需重新假定第2号毛管最下游灌水器的工作水头,再进行计算,直至二者相等;然后,沿支管逆流递推至第3号毛管……直至支管进口。核算小区所有灌水器的平均流量是否与灌水器的设计流量相等,如不相等,则应修正最下游毛管第1号灌水器的工作水头,重复上述计算,直至小区所有灌水器的平均流量与灌水器的设计流量相等。此时,支管进口水头即为所求。由于计算工作量大,只能借助计算机来完成。

四个算例详算法的结果也列于表2。将详算法结果作为基准,表2还列出了经验系数法结果的误差。可以看出:在常遇地形坡度范围内(如 $J=-0.05\sim0.05$),计算结果的精度可以满足实用要求。

表2 计算成果及比较

算例	项目								
	灌水器设计流量与设计水头		逆流递推结果			经验系数法结果 按式(10)、式(11)			h_A 误差
	q_d (L/h)	h_d (m)	p_n	p_m	h_A(m)	p_n	p_m	h_A(m)	
1	1.319	5.548	毛管:1 支管:2	毛管:280 支管:10	7.34	毛管:1 支管:2	毛管:280 支管:10	7.30	-0.5%
2	1.497	7.146	毛管:1 支管:3	毛管:280 支管:10	9.43	毛管:1 支管:3	毛管:280 支管:10	9.34	-1.0%
3	3.451	8.071	毛管:54 支管:5	毛管:158 支管:10	10.10	毛管:54 支管:5	毛管:158 支管:10	9.98	-1.2%
4	3.693	8.890	毛管:1 支管:1	毛管:110 支管:6	10.44	毛管:1 支管:1	毛管:110 支管:6	10.66	2.1%

注:1. p_n 为最小压力孔号。2. p_m 为最大压力孔号。

6 结语

用本文的计算方法——经验系数法,进行微灌灌水小区水力设计,在均匀坡的情况下,可以实现 SL 103—95 的规定,即"微灌系统灌水小区各灌水器流量的平均值应等于灌水器的设计流量";在常遇地形坡度范围内,计算精度可以满足实用要求。

本方法可供微灌工程设计者试用。

参考文献

[1] 张国祥,杜茂林.微灌水力设计方法的商榷与建议[J].节水灌溉,1990(3):27-31.

[2] 张国祥.微灌毛管水力设计的经验系数法[J].喷灌技术,1991(1):4-8.

[3] 张国祥.微灌毛管水力学研究[J].喷灌技术,1990(2):9-16.

微灌灌水小区水力设计经验系数法的再讨论

1 引言

2005年笔者等发表了《微灌灌水小区水力设计的经验系数法》一文，文中表达了微灌毛管上灌水器最大（最小）流量（或工作水头）与灌水器平均流量的关系，后来推广到了灌水小区，从而在微灌系统水力设计中，对灌水小区进口水头及系统首部设计水头的赋值有了依据。经过多年试用，特别是新疆生产建设兵团设计院的试用，证明其是可行的。

本文将对该关系进行再讨论，以便进一步简化；并通过算例，表明其精度是可行的。

2 文献[1]的有关成果

灌水小区是微灌系统水力设计的基本单元，如图1所示。文献[1]将微灌灌水小区的流量偏差率 q_v 分解为两项，即毛管的流量偏差率 $q_{v毛}$ 和支管的流量偏差率 $q_{v支}$，即

$$q_v = q_{v支} + q_{v毛} \tag{1}$$

小区内流量最大的毛管的灌水器平均流量，即

$$q_{a\max} = (1 + 0.65q_{v支})q_d \tag{2}$$

小区内最大流量灌水器必定位于流量最大的毛管上，其流量值为

$$q_{\max} = (1 + 0.65q_{v毛})q_{a\max} = (1 + 0.65q_{v毛})(1 + 0.65q_{v支})q_d \tag{3}$$

以上两式中：$q_{\max}$ 为小区内水头最大灌水器的流量，L/h；$q_{v支}$ 为支管、毛管布置后，实际采用支管的流量偏差率；$q_{v毛}$ 为支管、毛管布置后，实际采用的毛管流量偏差率。

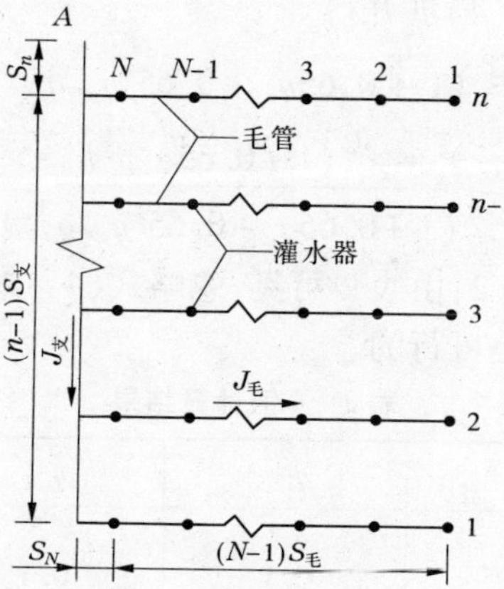

图1　微灌小区的布置

根据式(3),流量最大灌水器的工作水头 h_{max} 可由下式求出,即

$$h_{max} = [(1+0.65q_{v毛})(1+0.65q_{v支})]^{\frac{1}{x}} h_d \tag{4}$$

然后,可推算出小区进口应赋予的水头。

3　讨论

将式(3)右边展开,并注意到式(1):$q_{max} = (1+0.65q_{v毛})(1+0.65q_{v支})q_d = [1+0.65(q_{v毛}+q_{v支})+0.65^2 q_{v毛}q_{v支}]q_d = (1+0.65q_v+0.65^2 q_{v毛}q_{v支})q_d$;众所周知,当 q_v 为常数时,按 $q_{v毛} = q_{v支} = 0.5q_v$ 进行分配,则 $0.65^2 q_{v毛}q_{v支}$ 的值最大。因此,按支管、毛管流量偏差率相等来估计 $0.65^2 q_{v毛}q_{v支}$ 对式(3)的影响是偏安全的。为此令 $a = 0.65^2 q_{v毛}q_{v支}/q_{max}$,计算结果列于表1,由表1可见:$0.65^2 q_{v毛}q_{v支}$ 对 q_{max} 的影响在0.5%以内,所以是可以忽略的。

表1　a 值计算结果

q_v	$q_{v毛}$	$q_{v支}$	a(%)
0.20	0.10	0.10	0.37
0.10	0.05	0.05	0.1

对于 h_{max} 可由式(4)展开得

$$h_{max} = (1 + 0.65q_v + 0.65^2 q_{v毛} q_{v支})^{\frac{1}{x}} h_d$$

令

$$b = 1 - \frac{(1 + 0.65q_v)^{\frac{1}{x}} h_d}{(1 + 0.65q_v + 0.65^2 q_{v毛} q_{v支})^{\frac{1}{x}} h_d}$$

计算结果列于表2;由表2可见,忽略式(4)中第三项的影响,误差在1%以内,精度也是可行的。

表2　b 值计算结果

x	q_v	$q_{v毛}$	$q_{v支}$	b(%)
0.5	0.2	0.1	0.1	0.74
0.4				0.93
0.5	0.1	0.05	0.05	0.2
0.4				0.25

因此,在实际使用中,可以用下面二式来分别替代式(3)与式(4),即

$$q_{max} = (1 + 0.65q_v)q_d \tag{5}$$

$$h_{max} = (1 + 0.65q_v)^{\frac{1}{x}} h_d \tag{6}$$

4　算例

4.1　算例基本数据

4个微灌小区在完成布置之后,作为4个微灌小区水力设计算例(同文献[1]),其基本数据列于表3;支管、毛管布置及表中符号意义参见图1。

4.2　计算算例1的支管进口水头 h_A

4.2.1　经验系数法

(1)按文献[4],计算支管、毛管的降比 r 和压比 G

$$r_{毛} = \frac{J_{毛} d^{4.75}}{K_1 f q_d^{1.75}} = 0$$

$$G_{毛} = \frac{K_1 f S_{毛}\, q_d^{1.75}}{h_d d^{4.75}} = \frac{1.1 \times 0.505 \times 0.35 \times 1.319^{1.75}}{5.548 \times 16^{4.75}} = 1.085 \times 10^{-7}$$

$$r_{支} = \frac{J_{支}\, D^{4.75}}{K_2 f (N q_d)^{1.75}} = \frac{0.01 \times 22.2^{4.75}}{1.05 \times 0.505 \times (280 \times 1.319)^{1.75}} = 1.506$$

$$G_{支} = \frac{K_2 f S_{支} (N q_d)^{1.75}}{h_d D^{4.75}} = \frac{1.05 \times 0.505 \times 1 \times (280 \times 1.319)^{1.75}}{5.548 \times 22.2^{4.75}}$$

$$= 1.197 \times 10^{-3}$$

表3　基本数据

算例	灌水器水力关系	灌水器设计流量与设计水头 q_d (L/h)	灌水器设计流量与设计水头 h_d (m)	管名	内径 d 或 D (mm)	$S_{毛}$ 或 $S_{支}$ (m)	S_N 或 S_n (m)	$J_{毛}$ 或 $J_{支}$	N 或 n	局损扩大系数 K_1 或 K_2
1	$q=0.56h^{0.5}$	1.319	5.548	毛管	16	0.35	0.2	0	280	1.10
				支管	22.2	1.0	0.5	0.01	10	1.05
2	$q=0.56h^{0.5}$	1.497	7.146	毛管	16	0.35	0.2	0	280	1.10
				支管	22.2	1.0	0.5	0.05	10	1.05
3	$q=0.8h^{0.7}$	3.451	8.071	毛管	16	0.5	0.25	0.01	158	1.10
				支管	28.4	3.0	1.5	0.05	10	1.05
4	$q=0.8h^{0.7}$	3.693	8.890	毛管	16	0.5	0.25	−0.01	110	1.10
				支管	28.4	3.0	1.5	−0.05	6	1.05

注:1. 坡度 J 以顺流向下坡为正,反之为负。

2. N 为每根毛管上的灌水器数量,个。

3. n 为每条支管上的分流孔数。

4. K_1、K_2 分别为毛管、支管的总损失扩大系数。

(2)因毛管的降比 $r=0$,毛管最小压力孔号为 $p_n=1$,最大压力孔号为 $p_m=N$; 支管 $r>1$,按文献[4], $p_n=\mathrm{INT}(r^{0.751}+1)=\mathrm{INT}(1.506^{0.751}+1)=2$;因为$\frac{(n-0.52)^{2.75}}{2.75(n-1)r}=\frac{(10-0.52)^{2.75}}{2.75\times(10-1)\times1.506}=13.03>1$,故$p_m=n$。因此,小区工作水头最大的灌水器为第 n 号毛管上的第 $N=280$ 号;工作水头最小的灌水器为第 2 号毛管的第 1 号。

(3)毛管的降比 $r=0$,按文献[4]计算毛管的水头偏差率,即

$$h_{v毛} = G_{毛}\left[\frac{(N-0.52)^{2.75}}{2.75} - r_{毛}(N-1)\right]$$

$$= 1.085\times10^{-7}\times\left[\frac{(280-0.52)^{2.75}}{2.75}\right] = 0.2107$$

按文献[1]式(3)计算毛管的流量偏差率

$$q_{v毛} = \frac{\sqrt{1+0.6(1-x)h_{v毛}}-1}{0.3}\cdot\frac{x}{1-x}$$

$$= \frac{\sqrt{1+0.6\times(1-0.5)\times0.2107}-1}{0.3}\times\frac{0.5}{1-0.5} = 0.104$$

支管的降比 $r=1.506>1$,且 $p_m=n$,$p_n=2$,按文献[1]式(4)计算支管的水头偏差率

$$h_{v支} = G_{支}\left[\frac{(n-0.52)^{2.75}-(p_n-0.52)^{2.75}}{2.75} - r_{支}(n-p_n)\right]$$

$$= 1.197\times10^{-3}\times\left[\frac{(10-0.52)^{2.75}-(2-0.52)^{2.75}}{2.75} - 1.506\times(10-2)\right] = 0.1956$$

小区水头偏差率 $h_v = h_{v支}+h_{v毛} = 0.2107+0.1956 = 0.4063$,小区流量偏差率为

$$q_v = \frac{\sqrt{1+0.6(1-x)h_v}-1}{0.3}\cdot\frac{x}{1-x}$$

$$= \frac{\sqrt{1+0.6\times(1-0.5)\times0.4063}-1}{0.3}\times\frac{0.5}{1-0.5}$$

$$= 0.197 < 0.20$$

支管的流量偏差率为

$$q_{v支} = q_v - q_{v毛} = 0.197 - 0.104 = 0.093$$

(4)由本文式(6)计算出小区灌水器的最大工作水头 h_{max}

$$h_{max} = (1+0.65\times0.197)^{\frac{1}{0.5}}\times5.548 = 7.060(\mathrm{m})$$

(5)根据前面判断的小区工作水头最大的灌水器位置为第 n 号毛管的第 N 号,计入第 n 号毛管进口段的地形高差与水头损失、支管进

口段的地形高差与水头损失，即可求得为保证小区灌水器平均流量等于灌水器设计流量应赋予小区进口的水头值 h_A。

流量最大毛管的灌水器平均流量按文献[1]式(9)计算，即

$$q_{a\max} = (1 + 0.65 \times 0.093) \times 1.319 = 1.399(\text{L/h})$$

按文献[1]式(12)有

$$h_A = h_{\max} + \frac{K_N f S_N (N q_{a\max})^{1.75}}{d^{4.75}} - J_{毛} S_N + \frac{K_n f S_n (n N q_d)^{1.75}}{D^{4.75}} - J_{支} S_n$$

$$= 7.060 + \frac{1.175 \times 0.505 \times 0.2 \times (280 \times 1.399)^{1.75}}{16^{4.75}} + \frac{1.1 \times 0.505 \times 0.5 \times (10 \times 280 \times 1.319)^{1.75}}{22.2^{4.75}} - 0.01 \times 0.5$$

$$= 7.25 \ (\text{m})$$

其余三个算例的计算过程这里不再赘述。四个算例的结果列于表4。

4.2.2　详算法及计算结果汇总

详算法——逆流递推法，计算过程同文献[1]中所述，这里不再赘述。四个算例详算法的结果也列于表4。将详算法结果作为基准，表4还列出了经验系数法结果的误差。可以看出：在常遇地形坡度范围内($J = -0.05 \sim 0.05$)，用本文式(5)、式(6)计算结果的精度可以满足实用要求。

表4　计算成果及比较

算例	项目								
	灌水器设计流量与设计水头		逆流递推结果			经验系数法结果：按式(10)、式(11)			h_A 误差
	q_d (L/h)	h_d (m)	p_n	p_m	h_A (m)	p_n	p_m	h_A (m)	
1	1.319	5.548	毛管:1 支管:2	毛管:280 支管:10	7.34	毛管:1 支管:2	毛管:280 支管:10	7.25	-1.2%
2	1.497	7.146	毛管:1 支管:3	毛管:280 支管:10	9.43	毛管:1 支管:3	毛管:280 支管:10	9.29	-1.5%
3	3.451	8.071	毛管:54 支管:5	毛管:158 支管:10	10.10	毛管:54 支管:5	毛管:158 支管:10	9.93	-1.7%

续表 4

<table>
<tr><td rowspan="3">算例</td><td colspan="9">项目</td></tr>
<tr><td colspan="2">灌水器设计流量与设计水头</td><td colspan="3">逆流递推结果</td><td colspan="3">经验系数法结果：按式(10)、式(11)</td><td rowspan="2">h_A 误差</td></tr>
<tr><td>q_d (L/h)</td><td>h_d (m)</td><td>p_n</td><td>p_m</td><td>h_A (m)</td><td>p_n</td><td>p_m</td><td>h_A (m)</td></tr>
<tr><td>4</td><td>3.693</td><td>8.890</td><td>毛管:1
支管:1</td><td>毛管:110
支管:6</td><td>10.44</td><td>毛管:1
支管:1</td><td>毛管:110
支管:6</td><td>10.61</td><td>1.6%</td></tr>
</table>

注:1. p_n 为最小压力孔号。2. p_m 为最大压力孔号。

5 结论

本文通过对文献[1]中灌水小区内压力最大灌水器的流量公式(3)与其水头公式(4)的讨论,以及算例结果的比较,说明将上述公式简化为式(5)与式(6)是可行的;从而说明文献[2]导出的经验系数法公式不仅适用于微灌毛管,而且可直接推广到微灌灌水小区的水力设计与计算。

参考文献

[1] 张国祥,申亮. 微灌灌水小区水力设计的经验系数法[J]. 节水灌溉,2005(6):20-23.

[2] 张国祥. 微灌毛管水力设计的经验系数法[J]. 喷灌技术,1991(1):4-8.

[3] 顾烈烽,刘艳红,等. 微灌灌水小区(支管+毛管)水力学特性研究及小区进口压力的确定[C]//第七次全国微灌大会论文汇编,北京:2007.

[4] 张国祥. 微灌毛管水力学研究[J]. 喷灌技术,1990(2):9-16.

微灌毛管进口设流调器时水力设计应注意的问题

1　引言

到2004年底,我国棉花膜下滴灌面积已达到400万亩,发展势态令人欣喜。每个棉花膜下滴灌系统面积多在千亩以上,为了节省投资,常将每个轮灌组的面积分散布置成多个灌水小区;由于各个小区与系统首部的距离不同以及设计中对地形高程的简化等原因,会使各灌水小区进口水头出现很大的差别,若无得当的措施,必将使小区之间灌水量的差异超出行业规范的要求,进而降低系统的灌水质量。但在毛管进口设“流量调节器”(常称“流调器”、“稳流器”;后文中统称“流调器”)时可以很好地解决这一问题,所以毛管流调器的使用越来越普及。最近发现:部分地方,包括有的流调器供应商对流调器许用水头的理解有误区,导致部分支管进口水头偏小将近一半;流调器不仅不能稳定流量,反而会使毛管的出流量显著偏离设计值。另外,对于毛管进口设流调器时,支管进口水头的推求方法也不正确。所以,有必要提出讨论,以便使微灌系统发挥应有的效益。

2　流调器的许用水头范围与工作条件

2.1　许用水头范围的测试

供应商为用户提供流调器,均提供该流调器的公称流量、出流关系式及许用水头的上、下限,其依据为行业检测机构对该流调器的检测报告。由于毛管流调器的水力性能检测尚无国家和行业标准,目前参照滴头标准实施检测,如取样数量为25个,流调器出口为大气等。在大

注:本文原发表于《节水灌溉》2006年第1期。

气出流条件下，流调器进口水头与流量关系的典型曲线如图1所示；曲线水平（或接近水平）段（即流量基本恒定段）所对应的水头范围为其进口许用水头范围（即 $H_{min} \sim H_{max}$）。由于流调器进、出口的流速水头一般在几厘米以内，且进、出口面积相等或相近。所以，在大气出流条件下测得的进口水头即为相应流量通过流调器时的水头损失。H_{min} 是能保持流量稳定的最小水头损失，也就是在大气出流条件下，流调器许用水头的下限；H_{max} 是在大气出流条件下，流调器许用水头的上限。

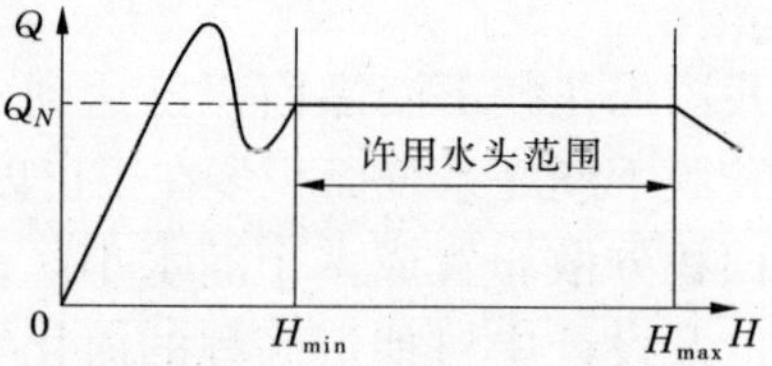

图1　流调器水头与流量的典型曲线

2.2　流调器的工作条件

需要指出的是，毛管流调器安装在毛管进口，与滴头的大气出流不同，其出口水头应为毛管进口水头 h_0，属于有压出流；不应与大气出流混淆。

2.3　流调器性能评价

众所周知，在许用水头范围内，流调器出流条件为

$$Q = KH^x \tag{1}$$

式中：Q 为通过流调器的流量，L/h；K 为常系数；H 为流调器的水头损失，m，大气出流时，为流调器进口水头，有压出流时，为流调器进、出口水头差；x 为水头指数。

对于流调器的性能，有的学者很看重许用水头范围宽。笔者认为许用水头范围只要满足应用就够了，其性能主要还应从以下几点来评价：

（1）水头指数 x 最好为零。对于千亩以上的微灌系统，水头指数 x 不宜大于0.035。

（2）许用水头下限要低，越低越节能。

(3)制造偏差小。

2.4 有压出流条件下流调器允许使用水头范围

流调器许用水头范围,由许用水头的上、下限来限定。当流调器水头指数 x 为 0 时,在许用水头范围内,流调器和毛管均应通过该流调器的额定流量 Q_N,此时可计算出毛管进口所要求的水头 h_0,流调器通过 Q_N 且保持流量稳定的最小水头损失为 H_{min}。故在有压出流条件下,流调器允许使用水头上、下限(即其进口所要求的最高水头、最低水头)应为

$$H_{0max} = h_0 + H_{max} \tag{2}$$

$$H_{0min} = h_0 + H_{min} \tag{3}$$

式中:H_{0max} 为有压出流条件下流调器许用水头的上限,m;H_{0min} 为有压出流条件下流调器许用水头的下限,m;h_0 为毛管进口要求的水头,m;H_{max} 为大气出流条件下流调器许用水头的上限,m;H_{min} 为大气出流条件下流调器许用水头的下限,m。

一些地方,取毛管进口水头和流调器许用水头(大气出流)下限二者之间的大者作为毛管流调器进口的最低水头,或不考虑毛管进口水头的要求,以 H_{min} 作为流调器进口水头,这样必将导致许多流调器不仅不能稳定流量,还可能使相当一部分毛管的流量显著低于设计值。

3 支管进口水头的算法

3.1 计算方法概述

微灌系统毛管进口安装水头指数 x 为 0 的流调器后,该流调器上游各级管道的水头损失将不再影响系统的流量偏差,允许水头偏差可全部放在毛管上(考虑到流调器的制造偏差,还应留有余地)。但是,必须使系统全部支管各出流口(与流调器连接处)的工作水头处于有压出流条件下流调器许用水头的上、下限(后文简称上、下限)之间,且靠近下限(为了节能)。因此,需要求出支管最小、最大压力孔号;并将下限水头置于最小压力孔号,来推求支管最大压力孔号的工作水头与支管进口水头;同一轮灌组所有灌水小区内最大压力孔号的工作水头均应不大于流调器水头的上限。

当流调器的水头指数 x 不为 0 时,各级管道的水头损失会影响系统的流量偏差,但当水头指数 x 不大于 0.035 时,这种影响不大于 4%,所以可以近似地按 $x=0$ 来处理。对于千亩以上的微灌系统,不宜使用水头指数 x 大于 0.04 的流调器,这是因为同一轮灌组中不同灌水小区距系统首部的远近差别很大,各支管的工作水头差别也很大,可能使系统灌水器的平均流量与灌水器设计流量有显著差别,影响灌水质量,并造成水的浪费或不足。

3.2 计算步骤

下面仅列出流调器的水头指数 x 为 0,且支管、毛管布置已经确定,毛管进口水头也已算出后的计算步骤。因为支管与毛管同为多孔出流管,其计算原理是相同的,因此文献[1]中所述毛管水力计算的方法均可参照用于支管计算。

(1)按文献[1]由以下二式分别计算支管的降比 $r_{支}$ 和压比 $G_{支}$,即

$$r_{支} = \frac{J_{支} D^{4.75}}{K_{支} f(Nq_d)^{1.75}} \tag{4}$$

$$G_{支} = \frac{K_{支} f S_{支} (Nq_d)^{1.75}}{h_d D^{4.75}} \tag{5}$$

式中:$J_{支}$ 为沿支管的坡度,以顺流向下坡为正,反之为负;D 为支管内径,mm;$K_{支}$ 为支管总损失扩大系数;f 为支管沿程损失系数;$S_{支}$ 为支管孔口间距,即毛管间距,m;N 为实用的一根毛管的孔口个数;q_d 为毛管孔口(灌水器)的设计流量,L/h。

(2)参照文献[1],分别计算并判定支管上最小、最大压力孔号。支管上的最小压力孔号,按下面二式其中之一计算,即

当 $r_{支} \leqslant 1$ 时,则 $$p_n = 1 \tag{6}$$

当 $r_{支} > 1$ 时,则 $$p_n = \mathrm{INT}(r_{支}^{0.571} + 1) \tag{7}$$

式中:p_n 为最小压力孔号,按逆流向排序,最下游为第 1 号,最上游为第 n 号;n 为支管的总孔数;INT( )为将括号内实数舍去小数取整数。

支管上最大压力孔号 p_m(按顺流向排序)按下列条件判定,即

当 $\dfrac{(n-0.52)^{2.75}}{2.75 r_{支}(n-1)} \geqslant 1$ 时,则

$$p_m = n \tag{8}$$

当 $\dfrac{(n-0.52)^{2.75}}{2.75r_{支}(n-1)} < 1$ 时,则

$$p_m = 1 \tag{9}$$

(3)按下列算式之一计算支管的最大水头偏差 Δh_{max},即

当 $r_{支} \leqslant 1$ 时,则

$$\Delta h_{max} = G_{支}\, h_d \left[\frac{(n-0.52)^{2.75}}{2.75} - r_{支}(n-1)\right] \tag{10}$$

当 $r_{支} > 1, p_m = 1$,且 $n \geqslant p_n$ 时,则

$$\Delta h_{max} = G_{支}\, h_d \left[r_{支}(p_n - 1) - \frac{(p_n - 0.52)^{2.75}}{2.75}\right] \tag{11}$$

当 $r_{支} > 1, p_m = 1$,且 $n < p_n$ 时,则

$$\Delta h_{max} = G_{支}\, h_d \left[r_{支}(n - 1) - \frac{(n - 0.52)^{2.75}}{2.75}\right] \tag{12}$$

当 $r_{支} > 1$,且 $p_m = n$ 时,则

$$\Delta h_{max} = G_{支}\, h_d \left[\frac{(n - 0.52)^{2.75} - (p_n - 0.52)^{2.75}}{2.75} - r_{支}(n - p_n)\right] \tag{13}$$

式中符号意义同前。

(4)由下式计算支管的最大压力孔的工作水头 $h_{支max}$,即

$$h_{支max} = H_{0min} + \Delta h_{max} \tag{14}$$

(5)根据支管工作水头最大孔口的位置(p_m)来选择计算式,求出支管进口要求的水头 H_0。读者可参照文献[1]中所述,这里不再赘述。

4 结语

目前,因国家和行业尚无标准对毛管流调器的水力性能检测方法作出规定,所以检测单位参照滴头标准实施检测,检测报告中提供的流调器许用水头范围(或上、下限)是大气出流条件下的数据。而毛管流调器安装在毛管进口,必然是有压出流,因此必须按有压出流条件下的许用水头范围来进行支管水力设计,有压出流条件下的许用水头上、下

限应按本文式(2)、式(3)计算。

最好选用水头指数 x 为0、许用水头下限低、制造偏差小的毛管流调器。水头指数 x 不大于0.035 的毛管流调器,可近似地按水头指数 x 为0 来使用;但在毛管的水头偏差上,应多留些余地。

使用水头指数 x 为0 的毛管流调器后,每条毛管的总流量基本相同,每条毛管灌水器的平均流量均为孔口设计流量 q_a;支管水力设计必须使支管所有出流口的工作水头位于压力出流条件下流调器许用水头的上、下限之间,并尽量靠近下限以降低水泵的扬程。因此,应使支管最小压力孔的工作水头等于(或略大于)许用水头下限 H_{0min}。按照本文的计算步骤可以达到上述要求,因而可供微灌工程设计者使用。

参考文献

[1] 张国祥.微灌毛管水力学研究[J].喷灌技术,1990(2):9-16.

微灌双向有坡毛管情况下支管位置的确定方法

1 引言

一个微灌系统,不论其面积大小、作物种类,都可能遇到在支管两侧布置毛管的情况。当支管两侧均为水平毛管时,支管位置由两侧毛管长度相等来确定。常遇的情况是支管控制范围内的地形为同一坡度,支管两侧分别为下坡毛管、上坡毛管;此时支管位置(即两侧毛管长度)的确定方法,已引起一些学者注意,文献[1]、文献[2]均通过算例演示了支管位置的确定方法。但需要指出:文献[1]错误地认为下坡毛管工作水头最小的灌水器(后文中将其简称为孔)位于毛管末端(最下游),导致结果错误,可能误导读者;文献[2]的计算基本正确,但不够严密与完整。由于这种布置可能达到节省投资(即节能、减少运行费)、降低水头要求、提高灌水质量的效果,因此有必要对该情况下支管位置的确定方法做更深入的讨论,以便从事微灌工程设计的人员运用。

2 讨论的有关条件

2.1 公式来源

文中涉及文献[3]中附录 C 的部分公式,其毛管水力学基础源自文献[4],毛管上孔的最大水头 $h_{\max}$、孔的设计流量 q_d 及流量偏差率 q_v 之间的关系源自文献[5]。

2.2 孔及孔间管段编号的规定

本文孔、孔间管段的编号按逆流向排序(请务必注意:这与文献[3]附录C相反),即下游末孔为第1号,上游首孔为第N号;第i号与$i+1$号孔之间的管段为第i号管段;第N号孔上游管段(即进口段)为第N号管段。逆流向排序有许多优点,如某编号管段的流量(在等量出流的假定下)为管段编号与孔设计流量的乘积,有利于公式的推导和记忆;下坡毛管的极限孔数不会出现负值等。故笔者推荐使用逆流向排序编号。

2.3 文中涉及的已有公式

为了使文本内容紧凑,将文中涉及的已有公式集中列出。

2.3.1 参数

(1)降比

$$r=\frac{Jd^{4.75}}{Kfq_d^{1.75}} \tag{1}$$

(2)压比

$$G=\frac{KfSq_d^{1.75}}{h_d d^{4.75}} \tag{2}$$

式中:J为毛管的坡度,以顺流向下坡为正,反之为负;K为毛管总损失扩大系数;d为毛管内径,mm;S为孔间距(即管段长度),m;f为沿程水头损失系数,微灌用PE管:当$d>8$ mm、水温为10 ℃时,$f=0.505$;q_d为孔的设计流量,L/h;h_d为孔的设计水头,m。

2.3.2 毛管的水力特征值

部分算式需根据毛管的r和p_m值正确选用。

(1)最小压力孔号p_n:当$r\leqslant 1$时,则$p_n=1$;当$r>1$时,则

$$p_n = \mathrm{INT}(1+r^{0.571}) \tag{3}$$

(2)当$r>1$时最大压力孔位置判别式为

$$F=\frac{(N-0.52)^{2.75}}{2.75(N-1)r} \tag{4}$$

当$F\geqslant 1$时,则$p_m=N$;当$F<1$时,则$p_m=1$。

(3)最大水头偏差$\Delta h_{\max}$:当$r>1$且$p_m=N$时,则

$$\Delta h_{\max} = Gh_d\left[\frac{(N-0.52)^{2.75}-(p_n-0.52)^{2.75}}{2.75}-r(N-p_n)\right] \tag{5}$$

当 $r>1$ 且 $p_m=1$、$N\geqslant p_n$ 时,则

$$\Delta h_{\max} = Gh_d\left[r(p_n-1)-\frac{(p_n-0.52)^{2.75}}{2.75}\right] \tag{6}$$

当 $r>1$ 且 $p_m=1$、$N<p_n$ 时,则

$$\Delta h_{\max} = Gh_d\left[r(N-1)-\frac{(N-0.52)^{2.75}}{2.75}\right] \tag{7}$$

当 $r\leqslant 1$ 时,则

$$\Delta h_{\max} = Gh_d\left[\frac{(N-0.52)^{2.75}}{2.75}-r(N-1)\right] \tag{8}$$

(4)水头偏差率

$$h_v = \Delta h_{\max}/h_d \tag{9}$$

(5)流量偏差率

$$q_v = \frac{\sqrt{1+0.6(1-x)h_v}-1}{0.3}\cdot\frac{x}{1-x} \quad (x\neq 1) \tag{10}$$

(6)毛管最大压力孔水头

$$h_{\max} = (1+0.65q_v)^{1/x}h_d \tag{11}$$

(7)第 N 号孔水头 h_N:当 $p_m=N$ 时,则 $h_N=h_{\max}$;当 $p_m=1$ 时,则

$$h_N = h_1+Gh_d\left[\frac{(N-0.52)^{2.75}}{2.75}-r(N-1)\right] \tag{12}$$

(8)毛管进口水头。以往存在一个疏漏:孔口(包括毛管进口)的局部水头损失是用沿程水头损失的某一比例(k)计入的;除进口段外,毛管各管段长度均为 S,用总损失扩大系数($K=k+1$)来计入总水头损失是合理的。但毛管进口段的长度通常小于 S(经常遇到的为 $0.5S$),因沿程水头损失与管长成正比,而毛管进口的局部水头损失与管段长度无关,若仍使用其他管段的 K 值来计算,必然导致毛管进口的局部水头损失偏小,故应予更正,将进口段总损失扩大系数改为下式,即

$$K_N = 1+kS/S_N \tag{13}$$

毛管进口水头

$$h_0 = h_N+\frac{K_N fS_N(Nq_d)^{1.75}}{d^{4.75}}-JS_N \tag{14}$$

以上式中：INT( )为将括号内实数舍去小数取整数；p_m 为最大压力孔号；N 为毛管上孔的总数，或上游首孔孔号、进口管段编号；x 为灌水器的水头指数(原称流态指数)；S_N 为毛管进口段(即第 N 管段)的长度，m；K_N 为毛管第 N 管段(即进口段)的总损失扩大系数；h_1 为第 1 号孔口的工作水头，m。

3 计算中会遇到的四种情况

支管两侧分别为下坡毛管、上坡(即逆坡)毛管。上坡毛管的降比 $r<0$ 时，必然有：第 N 号(即上游首孔)为最大压力孔、第 1 号(即下游末孔)为最小压力孔。下坡毛管 $r>0$ 时，可能遇到两种情况：即 $r>1$ 和 $1\geqslant r>0$。当 $r>1$ 时，最小压力孔号 p_n 随着 r 值的增大而增大(即往上游移动)，而最大压力孔的位置可能在 1 号孔或第 N 号孔；而当 $p_m=1$时，又有 2 种情况：即毛管上孔的总数 $N\geqslant p_n$ 或 $N<p_n$。当 $1\geqslant r>0$时，必然有：第 N 号为最大压力孔、第 1 号为最小压力孔。因此，可归纳为：支管的一侧均为上坡毛管，另一侧的下坡毛管有四种情况：① $r>1$且 $p_m=N$；② $r>1$，$p_m=1$ 且 $N\geqslant p_n$；③ $r>1$，$p_m=1$ 且 $N<p_n$；④ $1\geqslant r>0$，必有 $p_m=N$、$p_n=1$。下面将分别对这四种情况下支管位置的确定方法进行讨论。

4 情况 1——下坡毛管 $r>1$ 且 $p_m=N$(即上游首孔)

众所周知，确定上、下坡毛管的长度与确定支管的位置是等同的。以下通过算例来说明毛管长度的确定方法。

算例 1：某地块宽 140 m，宽度方向地形坡度为 1.428 6%，毛管沿宽度按双向布置。毛管内径 $d=15.2$ mm，滴头间距 $S=0.5$ m，双向毛管总孔数为 280 个，滴头设计流量 $q_d=2$ L/h，滴头设计水头 $h_d=10$ m，滴头性能符合 $q=0.502\,4h^{0.6}$，$K=1.1$。试确定支管的位置。

4.1 毛管参数及特征值计算

为保证灌水质量，各种情况下均应确保毛管的水头偏差率 $h_v<[h_v]$。为此，按文献[3]规定微灌系统允许流量偏差率$[q_v]=0.2$，可算得系统的允许水头偏差率为 0.34，支管、毛管各按 50% 进行分配，可

得毛管的$[h_v]=0.17$。

后文中将以下标“上”或“下”来分别表示上坡毛管、下坡毛管的量。

4.1.1 下坡毛管

(1)按式(1)计算降比

$$r_{下} = \frac{0.014\ 286 \times 15.2^{4.75}}{1.1 \times 0.505 \times 2^{1.75}} = 3\ 141.8$$

(2)按式(2)计算压比

$$G = \frac{1.1 \times 0.505 \times 0.5 \times 2^{1.75}}{10 \times 15.2^{4.75}} = 2.273\ 5 \times 10^{-7}$$

(3)按式(3)计算最小压力孔号

$$p_n = \mathrm{INT}(1 + r^{0.571}) = \mathrm{INT}(1 + 3\ 141.8^{0.571}) = 100$$

4.1.2 上坡毛管

(1)按式(1)计算降比。

因 $J_{上} = -1.428\ 6\%$,$r_{上} = \dfrac{-0.014\ 286 \times 15.2^{4.75}}{1.1 \times 0.505 \times 2^{1.75}} = -3\ 141.8 \leqslant 0$;

必然为$p_m = N$、$p_n = 1$。

(2)按式(2)计算压比。

$G = 2.273\ 5 \times 10^{-7}$,与下坡毛管相同。

4.2 主观确定毛管孔数和长度

为了理解毛管长度合理确定的必要,不妨先看一看主观确定毛管孔数和长度的做法会带来的后果。一般说下坡毛管可能比上坡毛管长一些,故取下坡毛管的孔数为$N_{下} = 160$,则上坡毛管的孔数$N_{上} = 280 - N_{下} = 120$。两条毛管进口段长度相等,则毛管长度分别为$L_{下} = (160 - 1) \times 0.5 + 0.25 = 79.75$(m);$L_{上} = (120 - 1) \times 0.5 + 0.25 = 59.75$(m)。所以,支管的位置得以确定。

4.2.1 下坡毛管

(1)判定最大压力孔号p_m。

因 $r_{下} > 1$,由式(4)可知 $F = \dfrac{(160 - 0.52)^{2.75}}{2.75 \times (160 - 1) \times 3\ 141.8} = 0.831 <$

1，故判定 $p_m=1$。

(2)计算最大水头偏差 Δh_{max}、水头偏差率 h_v 及流量偏差率 q_v。

需要指出的是，本下坡毛管 $p_m=1$，$p_n=100$，当总孔数 $N\geqslant 100$ 且仍保持 $p_m=1$ 时，毛管的最大压力偏差为 1 号孔与 100 号孔的水头差，故其值为常量。因 $r>1$，$p_m=1$ 且 $N\geqslant p_n$，由式(6)计算得 $\Delta h_{下max}=2.273\ 5\times 10^{-7}\times 10\times\left[3\ 141.8\times(100-1)-\frac{(100-0.52)^{2.75}}{2.75}\right]=0.449(\text{m})$；按式(9)计算得 $h_v=0.449/10=0.044\ 9<[h_v]=0.17$；按式(10)计算

$$q_v=\frac{\sqrt{1+0.6\times(1-0.6)\times 0.044\ 9}-1}{0.3}\times\frac{0.6}{(1-0.6)}=0.026\ 9$$

(3)计算最大压力孔的水头及毛管进口水头。

因 $p_m=1$，按式(11)计算得

$$h_{下1}=h_{max}=(1+0.65\times 0.026\ 9)^{1/0.6}\times 10=10.293(\text{m})$$

上游首孔的水头由式(12)计算得

$$h_{下N}=10.293+2.273\ 5\times 10^{-7}\times 10\times\left[\frac{(160-0.52)^{2.75}}{2.75}-3\ 141.8\times(160-1)\right]=10.101(\text{m})$$

下坡毛管进口段的 K_N 由式(13)、进口水头 $h_{下0}$ 按式(14)计算得

$$h_{下0}=10.101+\frac{1.2\times 0.505\times 0.25\times(160\times 2)^{1.75}}{15.2^{4.75}}-0.014\ 286\times 0.25=10.11(\text{m})$$

4.2.2 上坡毛管

上坡毛管的最大压力孔一定为上游首孔、最小压力孔为下游末孔。

(1)计算最大压力偏差 Δh_{max}、压力偏差率 h_v 及流量偏差率 q_v。

按式(8)计算得

$$\Delta h_{上max}=2.273\ 5\times 10^{-7}\times 10\times\left[\frac{(120-0.52)^{2.75}}{2.75}+3\ 141.8\times(120-1)\right]=1.277(\text{m})$$

按式(9)计算得 $h_v=1.277/10=0.127\ 7<[h_v]=0.17$，按式(10)计算得

$$q_v = \frac{\sqrt{1 + 0.6 \times (1 - 0.6) \times 0.1277} - 1}{0.3} \times \frac{0.6}{(1 - 0.6)} = 0.0760$$

可以看出：上坡毛管的以上三个数值均大于下坡毛管的相应值。

(2)计算最大压力孔水头及毛管进口水头。

因 $p_m = N$，按(11)式计算得

$$h_{上N} = h_{\max} = (1 + 0.65 \times 0.076)^{1/0.6} \times 10 = 10.837(\mathrm{m})$$

上坡毛管进口段的 K_N 由式(13)、进口水头 $h_{上0}$ 按式(14)计算得

$$h_{上0} = 10.837 + \frac{1.2 \times 0.505 \times 0.25 \times (120 \times 2)^{1.75}}{15.2^{4.75}} + 0.014286 \times 0.25 = 10.85(\mathrm{m})$$

4.2.3　结果讨论

由上述可知，两侧毛管的进口水头相差 0.74 m；此时，支管必须按高值提供水头；而下坡毛管进口必须有消除过高水头的设施，这样会增加投资。若下坡毛管的进口没有减压设施，将无法实现毛管孔口流量平均值为 q_d 的目标。

4.3　试算确定毛管的合理孔数和长度

需要说明的是，第 4.1 节中计算的数据，是本节内容的第一部分。

4.3.1　试算确定上坡毛管、下坡毛管的合理孔数

按上坡毛管、下坡毛管最大压力偏差相等或最为接近的原则，试算确定 $N_下$ 和 $N_上$。下坡毛管的 $r > 1$，假定最大压力孔为上游首孔（即 $p_m = N_下$），则其最大压力偏差由式(5)计算；上坡毛管最大压力偏差由式(8)计算；将以上两式相除，可得试算式为

$$F_1 = \frac{(N_下 - 0.52)^{2.75} - (p_n - 0.52)^{2.75} - 2.75 r_下 (N_下 - p_n)}{(N_上 - 0.52)^{2.75} - 2.75 r_上 (N_上 - 1)} \tag{15}$$

代入本算例已知数及 $N_上 = 280 - N_下$，得

$$F_1 = \frac{(N_下 - 0.52)^{2.75} - 99.48^{2.75} - 2.75 \times 3141.8 \times (N_下 - 100)}{(280 - N_下 - 0.52)^{2.75} + 2.75 \times 3141.8 \times (280 - N_下 - 1)}$$

按 F_1 最接近于 1 为试算条件：当 $N_下 = 197$ 时，则 $F_1 = 0.979$；当 $N_下 = 198$ 时，则 $F_1 = 1.018$。

需要说明的是:① 由于毛管孔口为离散布置,一般情况下 $F_1 \neq 1$,表明两侧毛管的最大压力偏差只是接近,而不能相等,此时,应取 F_1 最接近于1的 $N_下$ 为合理孔数,故 $N_下=198$,$N_上=82$;② 正因为两侧毛管的 Δh_{max} 不相等,故还需计算各自实际的 Δh_{max};③ 由于式(14)的分子、分母分别表达下坡毛管、上坡毛管的 Δh_{max},故 $F_1>1$,表明 $\Delta h_{下max}>\Delta h_{上max}$,若 $F_1<1$,表明 $\Delta h_{下max}<\Delta h_{上max}$。

以上计算是在下坡毛管 $p_m=N$ 的假定下得出的,故还需由式(4)进行验证,即 $F=\dfrac{(198-0.52)^{2.75}}{2.75\times(198-1)\times3\,141.8}=1.21>1$,证明最大压力孔确为上游首孔,与假定符合。

4.3.2 确定上坡毛管、下坡毛管的长度

确定了两侧毛管的孔数,支管的位置已明确在两侧毛管的上游首孔之间;还应以两毛管进口水头相等为条件,计算两条毛管的进口段长度,从而确定支管的确切位置。

(1)计算 Δh_{max}、h_v、q_v 及首孔水头。

下坡毛管:按式(5)计算最大压力偏差为

$$\Delta h_{下max}=2.273\,5\times10^{-7}\times\left[\frac{197.48^{2.75}-99.48^{2.75}}{2.75}-3\,141.8\times98\right]=$$

0.741(m);按式(9)计算 $h_v=0.741/10=0.074\,1<[h_v]$;按式(10)计算 $q_v=0.044\,3$;按式(11)计算 $h_{下N}=h_{max}=(1+0.65\times0.044\,3)^{1/0.6}\times10=10.485$(m)

上坡毛管:按式(8)计算 $\Delta h_{上max}=0.727$(m);按式(9)计算 $h_v=0.072\,7<[h_v]$;按式(10)计算 $q_v=0.043\,4$;按式(11)计算 $h_{上N}=h_{max}=(1+0.65\times0.043\,4)^{1/0.6}\times10=10.475$(m)。

(2)计算并确定两侧毛管的长度。

上坡毛管、下坡毛管的进口水头均通过式(13)和式(14)进行计算,见图1,并令 $\alpha=\dfrac{S_{下N}}{S}$,则 $S_{上N}=(1-\alpha)S$;可推得 α 的计算式为

$$\alpha=\frac{d^{4.75}(h_{上N}-h_{下N}-J_上 S)+kfS[(N_上 q_d)^{1.75}-(N_下 q_d)^{1.75}]+fS(N_上 q_d)^{1.75}}{fS[(N_下 q_d)^{1.75}+(N_上 q_d)^{1.75}]-d^{4.75}S(J_上+J_下)} \tag{16}$$

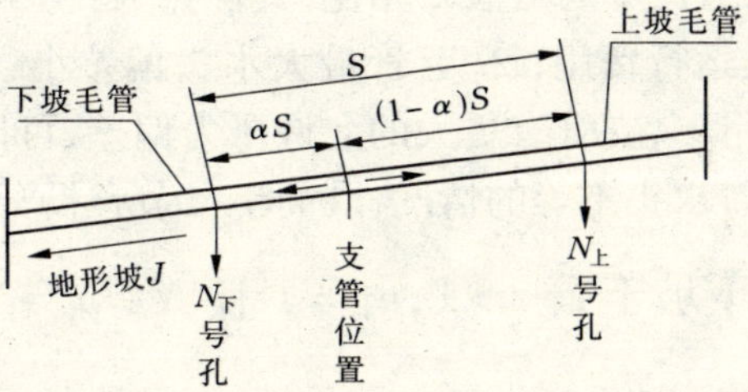

图 1　支管位置计算图

式中：k 为进口段局部损失与长度为 S 进口段的沿程损失的比值，$k=K-1$，K 为总损失扩大系数。本算例中：$J_上+J_下=0$，代入已知数据可得

$$\alpha=0.024;S_{下N}=\alpha S=0.024\times0.5=0.012(\mathrm{m})$$

考虑到 $S_{下N}$ 值太小可能给支管的布置带来困难，且两条毛管首孔水头差仅为 1 cm（h_d/1 000），故可按 $S_{下N}=S_{上N}$ 来处理。毛管长度 $L_下=(N_下-1)S+S_{下N}=98.75(\mathrm{m})$，$L_上=40.75(\mathrm{m})$。所以，支管的位置得以确定。

（3）计算毛管进口水头。

计算毛管进口水头是对毛管长度计算的校核，由式（13）、式（14）进行计算。下坡毛管 $h_{下0}=10.49$ m；上坡毛管 $h_{上0}=10.48$ m。所以，可以认为上坡毛管、下坡毛管进口水头是一致的。

4.4　两种方法结果的比较

将两种方法的计算结果列于表 1。

表 1　两种方法的结果比较

项目		下坡毛管的孔数、长度	上坡毛管的孔数、长度	二毛管对支管的水头要求(m)	二毛管最大水头偏差(m)
计算方法	主观确定支管位置	160 孔、 79.75 m	120 孔、 59.75 m	10.85 10.11	1.276 0.449
	计算确定支管位置	198 孔、 98.75 m	82 孔、 40.75 m	10.49 10.48	0.727 0.741

由表 1 可见，方法 2 与方法 1 相比，其优点为：① 可使支管的水头降低，节能并降低运行费用；② 毛管最大水头偏差小，灌水质量高，或在相同的灌水质量下，支管有更大的允许压力偏差，可以更长；③ 不会出现两侧毛管进口水头不等的情况，既简单又节省投资。

5 情况 2——下坡毛管 $r>1$，$p_m=1$ 且 $N \geqslant p_n$

第 4.2 节中的下坡毛管即属于这种情况，只是上、下坡毛管的长度没有按两侧毛管最大水头偏差最为接近的原则来确定合理孔数。为了减少篇幅，后文计算中在给出算式编号后，直接给出计算结果。

算例 2：某地块宽 140 m，宽度方向地形坡度为 2.0%，毛管沿宽度按双向布置。毛管内径 $d=15.2$ mm，滴头间距 $S=0.5$ m，双向毛管总的孔数为 280 个；滴头设计流量 $q_d=2$ L/h，滴头设计水头 $h_d=10$ m，滴头性能符合 $q=0.5024h^{0.6}$，$K=1.1$。试确定支管合理位置。

5.1 毛管参数及特征值计算

本算例中毛管的允许水头偏差率与算例 1 中相同，即 $[h_v]=0.17$。

5.1.1 下坡毛管

① 按式(1)计算得 $r=4\,398.5$；② 按式(2)计算得 $G=2.273\,5\times10^{-7}$；③ 按式(3)计算得 $p_n=121$。

5.1.2 上坡毛管

① 按式(1)计算降比 r：因 $J_{上}=-2\%$，则 $r=-4\,398.5<0$；则压力最大孔号为 N（上游首孔）、压力最小孔号为 1；② 按式(2)计算 $G=2.273\,5\times10^{-7}$。

5.2 确定毛管的长度

5.2.1 试算并确定毛管的合理孔数

按两侧毛管最大压力偏差最为接近的原则试算并确定 $N_{下}$ 和 $N_{上}$。下坡毛管的 $r>1$，假定最大压力孔号 $p_m=1$ 且 $N\geqslant p_n$，则最大压力偏差按式(6)计算；上坡毛管最大压力偏差按式(8)计算。将上两式相除，可得 $N_{上}$ 的试算式为

$$F_2=\frac{2.75r_{下}(p_n-1)-(p_n-0.52)^{2.75}}{(N_{上}-0.52)^{2.75}-2.75r_{上}(N_{上}-1)} \tag{17}$$

代入已知数，得 $F_2=\dfrac{2.75\times4\ 398.5\times(121-1)-(121-0.52)^{2.75}}{(N_{上}-0.52)^{2.75}+2.75\times4\ 398.5\times(N_{上}-1)}$；按 F_2 最接近于1为试算条件：当 $N_{上}=68$ 时，$F_2=1.006$；当 $N_{上}=69$ 时，则 $F_2=0.988$，因1.006更接近于1，故取 $N_{上}=68$，则 $N_{下}=280-68=212>p_n$；按式(4)计算 $F=0.972<1$，故 $p_m=1$；假定正确，结果可用。

5.2.2　计算并确定毛管的长度

（1）计算 Δh_{max}、h_v、q_v 及首孔水头。

下坡毛管：$r>1$，$p_m=1$ 且 $N\geqslant p_n$，按式(6)计算 $\Delta h_{下max}=0.764$ m；按式(9)计算 $h_v=0.076\ 4<[h_v]$；按式(10)计算 $q_v=0.045\ 6$；按式(11)计算 $h_{下1}=h_{max}=10.499$ m；按式(12)计算 $h_{下N}=10.439$ m。

上坡毛管：按式(8)计算 $\Delta h_{上max}=0.759$ m；按式(9)计算 $h_v=0.075\ 9<[h_v]$；按式(10)计算 $q_v=0.045\ 3$；按式(11)计算 $h_{上N}=h_{max}=10.496$ m。

（2）计算毛管的长度。

上、下坡毛管的进口水头均由式(14)表示；α 的计算式仍为式(16)，代入数据计算得 $\alpha=2.47$。

必需指出的是 $\alpha>1$，说明按4.2.1节确定的上、下游毛管孔数在一个孔距内无法使两侧毛管的进口水头相等，所以出现这种情况，是因为式(17)只保证了两条毛管的 Δh_{max} 最为接近；但当下坡毛管总孔数 $N_{下}\geqslant p_n$，而仍在 $p_m=1$ 的情况下，$\Delta h_{下max}$ 为常量，只保证了 $h_{下1}$ 与 $h_{上N}$（即 h_{max}）接近（这两个孔相距很远），不能保证两侧毛管的首孔水头很接近。本算例中因 α 略大于2，应将上坡毛管合理孔数减去2，即 $N_{上}=66$，则 $N_{下}=280-66=214>p_n$；经过校核，下坡毛管 $F=0.988<1$，仍为 $p_m=1$，符合假定。重新计算两条毛管的有关数据，如有必要，再按上、下坡毛管新的合理孔数重新计算 α。

下坡毛管：经重新计算，$h_{下N}=10.473$ m，因 $\Delta h_{下max}$ 不变，故其余数据也不变；上坡毛管重新计算得 $\Delta h_{上max}=0.732$ m；$h_v=0.073\ 2$；$q_v=0.043\ 7$；$h_{上N}=h_{上max}=10.478$ m。$h_{下N}$ 与 $h_{上N}$ 的差别仅5 mm；故可按 $S_{下0}=S_{上0}=0.25$ m来处理，毛管的长度为：$L_{下}=106.75$ m，$L_{上}=32.75$ m。这样支管位置就得以确定。

(3)计算毛管进口水头。

上、下坡毛管均由式(13)计算 K_N,由式(14)计算进口水头得 $h_{下0}=10.483$ m、$h_{上0}=10.484$ m。

6 情况3——下坡毛管 $r>1, p_m=1$ 且 $N<p_n$

因下坡毛管的孔数小于 p_n,毛管的最大压力偏差就是首、末孔的压差,应按式(7)计算;其余计算过程与情况2是一致的。需要说明:① 由于 $p_m=1$,在计算进口段长度时,更容易出现 $\alpha>1$ 的现象,其原因与情况2相同,处理思路也是增加下坡毛管的孔数,幅度将可能更大;② 这种情况在微灌工程中少见,故不再赘述。

7 情况4——下坡毛管 $1\geqslant r>0$

算例3:某果园每行果树长114 m,果树行向地形坡度为1/2 500,毛管沿宽度按双向布置。毛管内径 $d=11.0$ mm,微喷头间距 $S=3$ m,双向毛管总的孔数为39个;微喷头 $q_d=12$ L/h、$h_d=10$ m,性能符合 $q=3.794\,7h^{0.5}$,$K=1.1$。试确定支管合理位置。

为校核毛管的水头偏差率 h_v,按系统的 $[q_v]=0.2$,支、毛管各按50%进行分配允许水头偏差,则计算得毛管的 $[h_v]=0.206$。

7.1 毛管参数及特征值计算

7.1.1 下坡毛管

① 按式(1)计算 $r=0.823\,0$;② 按式(2)计算 $G=1.458\times10^{-4}$;③ 因 $r<1$,故 $p_n=1$。

7.1.2 上坡毛管

① 按式(1)计算 $r=-0.823\,0\leqslant1$,则 $p_n=1$;② $G=1.458\times10^{-4}$。

7.2 确定毛管的长度

7.2.1 试算并确定两侧毛管的合理孔数

按上、下坡毛管最大压力偏差相等或最为接近的原则试算并确定 $N_下$ 和 $N_上$;因上、下坡毛管均为 $r<1$,故均为 $p_m=N$,最大压力偏差均按式(8)计算。将式(8)有关量分别加注下标后再相除,可得试算式为

$$F_3 = \frac{(N_{下} - 0.52)^{2.75} - 2.75r_{下}(N_{下} - 1)}{(N_{上} - 0.52)^{2.75} - 2.75r_{上}(N_{上} - 1)} \tag{18}$$

代入已知数，得 $F_3 = \frac{(N_{下} - 0.52)^{2.75} - 2.75 \times 0.823(N_{下} - 1)}{(39 - N_{下} - 0.52)^{2.75} + 2.75 \times 0.823(39 - N_{下} - 1)}$；按 F_3 最接近于 1 为试算条件：当 $N_{下} = 20$ 时，则 $F_3 = 1.127$；当 $N_{下} = 19$ 时，则 $F_3 = 0.843$；因 1.127 更接近于 1，故合理孔数为 $N_{下} = 20$，$N_{上} = 39 - 20 = 19$。

7.2.2 计算并确定毛管的长度

(1)计算 Δh_{max}、h_v、q_v 及首孔水头。

下坡毛管：按式(8)计算 $\Delta h_{下max} = 1.843$ m；按式(9)计算 $h_v = 0.184\,3 < [h_v]$；按式(10)计算 $q_v = 0.090\,9$；按式(11)计算 $h_{下N} = h_{max} = 11.217$ m。

上坡毛管：按式(8)计算 $\Delta h_{上max} = 1.635$ m；按式(9)计算 $h_v = 0.163\,5 < [h_v]$；按式(10)计算 $q_v = 0.080\,8$；按式(11)计算 $h_{上N} = h_{max} = 11.078$ m。

(2)计算毛管的长度。

按式(16)计算得 $\alpha = 0.186$，则 $S_{下N} = \alpha S = 0.56$ m，$S_{上N} = 2.44$ m；毛管长度分别为 $L_{下} = 57.56$ m，$L_{上} = 56.44$ m；支管的位置得以确定。

(3)计算毛管进口水头。

上、下坡毛管均由式(13)计算 K_N，分别为：下坡 1.535 7、上坡 1.123 0，可见 K_N 算式修正的必要性；均按式(14)计算进口水头得 $h_{下0} = 11.29$ m；$h_{上0} = 11.29$ m。

8 结论

(1)支管两侧布置毛管，通常可以降低水头的要求、提高灌水的质量，应该引起设计者的重视。

(2)在双向有坡毛管布置的设计中，常遇到四种情况，即情况 1：下坡毛管 $r > 1$ 且 $p_m = N$；情况 2：下坡毛管 $r > 1$，$p_m = 1$ 且 $N \geq p_n$；情况 3：下坡毛管 $r > 1$，$p_m = 1$ 且 $N < p_n$；情况 4：下坡毛管 $1 \geq r > 0$。总之，应该区分所遇到的情况，正确选择计算公式。

(3)确定毛管长度的基本条件是:在两侧毛管各孔流量的平均值均等于设计流量 q_d 的前提下,使上、下坡毛管的进口水头相等。原则上应分两个步骤来实现:第一步是根据所遇到的情况,在式(15)、式(17)和式(18)中选择一个适用算式,以上、下坡毛管最大水头偏差最接近为条件,试算并确定合理的孔数 $N_下$、$N_上$;第二步是计算上、下坡毛管的上游首孔(第 N 号孔)水头,然后由式(16)计算 α 值,得到两条毛管的进口段长度,进而计算两条毛管的长度,支管的位置得以确定。

(4)对灌水器设计流量及孔间距均小的毛管,得出合理孔数后,如果上、下坡毛管上游首孔水头极为接近(例如二者差别 $< h_d/100$),则可以不计算 α 值,直接按上、下坡毛管的进口段长度相等来确定毛管长度。

(5)对于情况 2 和情况 3,下坡毛管 $r > 1$ 且 $p_m = 1$,均可能出现 $\alpha > 1$,这表明在已经确定孔数的情况下,无法实现两条毛管的进口水头相等;也就是说此时应予放弃上、下坡毛管最大水头偏差最接近的条件。设计者应参照本文 5.2 节所述,按两条毛管的进口水头相等的条件进行妥善处理。

参考文献

[1] 水利部农村水利司,中国灌溉排水发展中心. 节水灌溉工程实用手册[M]. 北京:中国水利电力出版社,2005:329-330.

[2] 张志新,等. 滴灌工程规划设计原理与应用[M]. 北京:中国水利电力出版社,2007:250-254.

[3] 中华人民共和国水利部. SL 103—95 微灌工程技术规范[S]. 北京:中国水利水电出版社,1995:33-35.

[4] 张国祥. 微灌毛管水力学研究[J]. 喷灌技术,1990(2):9-16.

[5] 张国祥. 微灌毛管水力设计的经验系数法[J]. 喷灌技术,1991(1):4-8.

滴灌系统滴头设计水头的取值依据

1 问题的提出

实用滴灌技术于20世纪60年代初问世以来,已走过40余年的历程。滴灌面积从无到有、从小到大;到2000年,世界上88个国家(与地区)总计有微灌面积3 767 154 hm^2。众所周知,微灌是滴灌、地下滴灌、微喷灌、涌泉灌的统称。微灌面积中绝大部分为滴灌,滴灌具有最为节水、最能为作物提供良好的生长环境(从而带来高产和优质)、能够适应各种地形等优点,已普遍为人们所认知。在水资源紧缺已成为世界性问题的今天,滴灌技术的应用,愈加显出更为广阔的前景。与此同时,滴灌技术一面世,便被称为"昂贵的灌水技术",受投入、产出规律的制约,只能应用于效益高的经济作物。因此,2000年世界88个国家(与地区)微灌面积仅占其灌溉总面积的1.52%,表明了"昂贵"对微灌面积发展的极大制约。

我们在滴灌系统为何昂贵的研究中认识到:系统压力是影响滴灌系统费用(投资和运行费)最为关键的因素,滴头设计水头(压力)是系统压力的重要组成部分。因此,探讨滴头设计水头的取值依据,对解决滴灌系统昂贵问题有着重要意义。

2 滴头设计水头的习惯取值

滴头设计水头是滴灌系统设计与运行的重要技术参数之一,数十年来其常用值为10 m;近年来虽有取小的趋势,但仍多在7~10 m范

注:本文原发表于《农业工程学报》2005年第9期。

围内。而从以色列引进的“重力”滴灌是个特例,其滴头设计水头为1.0 m,在我国温室大棚中有应用,但未见对滴头设计水头取低值的理由做出论述。

笔者从事滴灌技术工作已28年,但未见有关于滴头设计水头取值方面论文。因此,滴头设计水头取值(或方法)一直处于无理论指导的经验沿用状态。

3 滴头设计水头取值的实质讨论

3.1 灌区田面局部高差引起滴头偏离其设计高程

按照通常的做法,滴灌系统的滴头置于地表,且一条支管上的毛管是同时工作的;一条支管及其所带毛管(或滴灌管、滴灌带)常称为一个灌水小区。众所周知,灌区不可能做到田平如镜;在一个灌水小区内,由于田面有局部起伏或设计中的简化(如非水平面按水平面设计、非均匀坡按均匀坡设计等),所以会使滴灌系统中部分滴头的实际高程偏离设计高程,如图1所示。当滴头实际高程低于设计高程时,滴头的工作水头将大于设计值;当滴头实际高程高于设计高程时,滴头的工作水头将小于设计值。

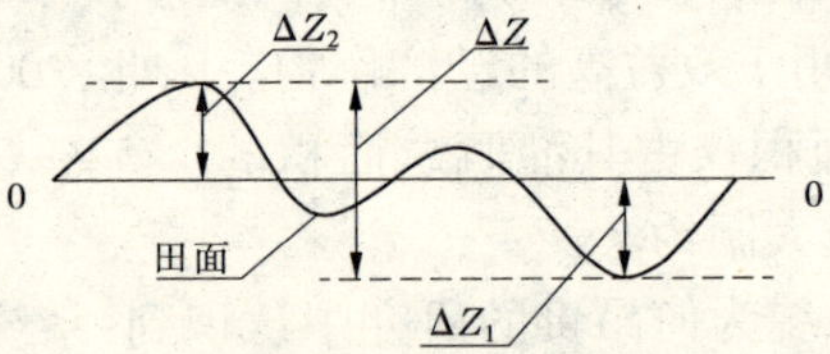

(a)设计高程基准面:水平面0—0

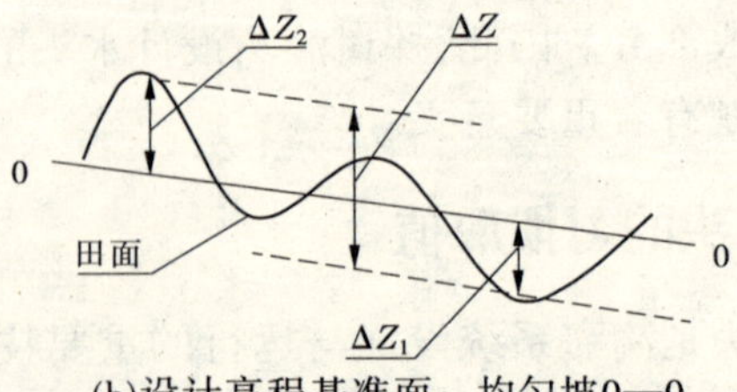

(b)设计高程基准面:均匀坡0—0

图1 滴头高程偏离与田面高差示意

为便于讨论，将某滴头设计高程减去实际高程所得之差定义为高程偏差(可为正或负)。在一个灌水小区内，把高程偏差的最大值(如图1中的 ΔZ_1)与高程偏差的最小值(如图1中的 ΔZ_2)之差称为田面局部高差，简称田面高差，以 ΔZ 表示，即

$$\Delta Z = \Delta Z_1 - \Delta Z_2 \tag{1}$$

式中：ΔZ_1 为高程偏差的最大值，m；ΔZ_2 为高程偏差的最小值，m。

3.2 高差流量偏差率

众所周知，滴头的水力关系为

$$q = k_p h^x \tag{2}$$

式中：q 为滴头流量，L/h；k_p 为系数；h 为滴头工作水头，m；x 为滴头的水头(流态)指数。

当工作水头为设计水头 h_d 时，滴头的流量为设计流量 q_d。

田面高差必然形成滴头间的出流偏差。为此，有必要推求由田面高差 ΔZ 引起的流量偏差率 q_{zv}；参照行业标准对流量偏差率的定义，q_{zv} 可用下式表示，即

$$\begin{aligned} q_{zv} &= \frac{k_p\left[(h_d + \Delta Z_1)^x - (h_d + \Delta Z_2)^x\right]}{k_p h_d^x} \\ &= \left(1 + \frac{\alpha_1 \Delta Z}{h_d}\right)^x - \left(1 + \frac{\alpha_2 \Delta Z}{h_d}\right)^x \end{aligned} \tag{3}$$

令 $\alpha_1 = \Delta Z_1 / \Delta Z$； $\alpha_2 = \Delta Z_2 / \Delta Z$

式中：q_{zv} 为由田面高差 ΔZ 引起的流量偏差率，称为高差流量偏差率；其余符号意义同前。

将式(3)右边按二项式展开取前三项得

$$\left(1 + \frac{\alpha_1 \Delta Z}{h_d}\right)^x = 1 + x\left(\frac{\alpha_1 \Delta Z}{h_d}\right) + \frac{x(x-1)}{2}\left(\frac{\alpha_1 \Delta Z}{h_d}\right)^2$$

$$\left(1 + \frac{\alpha_2 \Delta Z}{h_d}\right)^x = 1 + x\left(\frac{\alpha_2 \Delta Z}{h_d}\right) + \frac{x(x-1)}{2}\left(\frac{\alpha_2 \Delta Z}{h_d}\right)^2$$

代入式(3)，因第三项相对很小可略去，得

$$q_{zv} = (\alpha_1 - \alpha_2)\frac{x\Delta Z}{h_d} = \frac{x\Delta Z}{h_d} \tag{3'}$$

高差流量偏差率 q_{zv} 表达了田面高差对灌水质量的影响,亦即表达了滴灌系统对地形的适应能力。式(3′)表明:影响高差流量偏差率 q_{zv} 的因素有三个,即田面高差(反映灌区田面状况)、滴头的水头(流态)指数(反映滴头水力性能)及滴头设计水头 h_d。提高滴头设计水头的实质,就是要减小田面高差对高差流量偏差率 q_{zv} 的影响,亦即提高滴灌系统对地形的适应能力。应该指出的是,数十年来不考虑灌区田面的不同状况,而单靠选用高的滴头设计水头来提高系统适应地形的能力是不全面的。

3.3 滴头设计水头经验取值的合理性讨论

滴灌系统的灌水质量要求,是在设计中通过限定流量偏差率来实现的;造成流量偏差率的因素有多个,如水力偏差、滴头制造偏差、计算误差及本文提出的由田面高差引起的滴头高程偏离等。由于编制规范时(1995 年)条件有限,我国现行行业规范规定,滴灌系统设计中仅考虑水力偏差一项。

从式(3′)可见,滴头设计水头 h_d 的取值,应是使田面高差 ΔZ 对灌水质量的影响限制在可接受的范围内,也就是滴灌系统要有适当的适应地形能力。为此,不妨看一看滴头设计水头按常用值取 10 m、水头指数 $x=0.5$ 的情况下,不同田面状况对灌水质量的影响,见表 1。

表 1　ΔZ 对灌水质量的影响($h_d=10$ m、$x=0.5$)

滴灌灌区类别	ΔZ(m)	$\Delta Z/h_d$	q_{zv}	评判
温室、大棚	≤0.05	≤0.005	≤0.002 5	影响可忽略
平原区水浇地	0.05~0.25	0.005~0.025	0.002 5~0.012 5	影响可忽略
丘陵区经平整的耕地	0.25~0.40	0.025~0.04	0.012 5~0.02	影响很小
山丘区果园	0.50~1.00	0.05~0.10	0.025~0.05	可接受

从表 1 可见,滴头设计水头取 10 m,对于山丘区果园是可接受的;对于平原区的原水浇地和丘陵区经平整的耕地,特别是温室、大棚,显然是不必要的。对于温室、大棚,滴头设计水头取 1 m,其 $q_{zv}\leqslant 0.025$ 时,影响仍然很小。这就从理论上解释了“重力”滴灌能在日光温室应

用的道理。

由上述可见：滴灌问世约40年来，注意到了滴头设计水头取10 m后，滴灌系统有很大的地形适应能力，可不平整土地；但忽略了大量的滴灌面积是建设在已经平整的土地上，甚至是原地面灌溉的灌区（如新疆棉花膜下滴灌面积2002年5月已达到113 350 hm^2）。由滴头设计水头取高值所赋予滴灌系统对地形的很大适应能力，在这些地方不同程度地成为闲置能力；为高的滴头设计水头所付出的高投资和高能耗（运行费），在这样的条件下隐含着不同程度的浪费，是可以挖掘并利用的潜力。

3.4 滴头设计水头的取值原则与算式

滴头设计水头 h_d 取得太大，滴灌系统适应地形的能力可能被闲置，造成投资及运行费的浪费；滴头设计水头 h_d 取得太小，将可能使系统适应地形的能力太低，灌水质量难以保证。因此，必须根据灌区的田面高差 ΔZ 与滴头的水头指数 x 来确定滴头设计水头 h_d。滴头设计水头取值的原则应是：使滴灌系统适应地形的能力与灌区田面状况相匹配——即基本上无闲置能力。为此，由式(3′)得到

$$h_d = x \cdot \Delta Z / [q_{zv}] \tag{4}$$

式中：$[q_{zv}]$为可接受的高差流量偏差率。

问题是应赋予多大的$[q_{zv}]$值，显然，$[q_{zv}]$取值将涉及技术经济问题，并且在现阶段还不可能准确确定。由于我国现行行业规范规定的设计方法还不能计入 q_{zv} 的影响，为使其不致明显降低滴灌系统的灌水质量，$[q_{zv}]$值应取得比较小；可先提出初值试用，在以后的实践中再不断修正与完善。为此，参照现行滴灌系统可在山丘区应用的情况，取$[q_{zv}] \leqslant 0.05$，得到滴头设计水头取值的计算式为

$$h_d \geqslant 20x \cdot \Delta Z \tag{5}$$

式中符号意义同前。

式(5)取等号时算得滴头设计水头的最小取值，也是推荐值；但当算得的 $h_d < 0.5$ m时，应取 $h_d = 0.5$ m。

需要说明的是，滴头设计水头降低会给滴灌系统带来一系列新的优势和问题（挑战），笔者对相关问题已经有了研究结论。

4 结论

滴头设计水头(或压力)是滴灌系统的重要技术参数之一,对滴灌系统的投资和运行费用有重大影响;同时,还关系到滴灌设备开发方向。此前,未见有学者对其取值依据做出论述。因此,滴头设计水头取值(或方法)一直处于无理论指导的经验沿用状态。

本文经研究揭示了滴头设计水头取值的实质:它使滴灌系统具备适当的地形适应能力;构建了评判地形适应能力的指标——高差流量偏差率,并导出了计算式(3′);揭示出影响滴灌系统适应地形能力的因素不仅仅是滴头设计水头,还有田面高差和滴头的水头指数;按式(3′)计算了现行滴灌系统在不同田面状况灌区的 q_{zv} 值,并作了评判,发现滴头设计水头的习惯取值,使现行滴灌系统在许多场合有对地形适应能力的闲置,是可挖掘利用的潜力。本文提出的式(4)为滴头设计水头取值建立了依据;式(5)可在现行行业规范下试用,以便取得经验,促进滴灌系统设计技术的进步。

参考文献

[1] I. 维尔米林,G. A. 乔伯林. 局部灌溉——设计、安装、操作、评价[M]. 联合国粮食与农业组织,1980.

[2] 李光永. 世界微灌发展态势[J]. 节水灌溉,2001(2):24-27.

[3] 傅琳,等. 微灌工程技术指南[M]. 北京:水利电力出版社,1988.

[4] 吴义伯. 滴灌系统水力设计讲义[R]. 北京:水利水电科学研究院水利研究所,1981.

[5] 中华人民共和国水利部:SL 103—95 微灌工程技术规范[S]. 北京:中国水利水电出版社,1995.

[6] 张志新. 滴灌[M]. 乌鲁木齐:新疆科技卫生出版社,1992.

[7] 顾烈烽. 新疆生产建设兵团棉花膜下滴灌技术的形成与发展[J]. 节水灌溉,2003(1):27-29.

考虑三偏差因素的滴灌系统流量总偏差率

1　引言

众所周知,滴灌系统的灌水均匀度在设计中是通过限定滴头流量偏差率来保证的。影响系统流量偏差率的因素比较多,如水力偏差、灌水器制造偏差、实际高程与设计高程的偏差(即田面高差)、滴头堵塞状况、计算公式的精度等。其中滴头堵塞状况,目前还没有成熟的计算方法,因此还难以考虑;而计算公式精度的影响相对较小。现行滴灌系统由于滴头设计水头取高值,所以田面高差的影响常可忽略。国外在设计中有考虑水力与制造两个偏差因素的均匀度公式;国内于 1995 年首次颁布微灌行业标准,即《微灌工程技术规范》(SL 103—95),由于当时我国灌水器产品种类少、厂家还提不出灌水器制造偏差等因素,所以该规范规定:微灌系统设计中只考虑水力偏差一项。

经过近十年的快速发展,我国微灌灌水器的产品种类大为增加,国外厂商也在我国建厂,使市场上微灌设备更加多样。水利部设立了两家灌排设备检测中心,可以满足所需要的检测任务。因此,有必要和可能在设计中把灌水器制造偏差也考虑进去,以便使设计更加接近实际,并有助于激励厂家制造高质量的灌水器。

与此同时,根据文献[1]建立的滴头设计水头取值依据,在灌区田面比较平整的场合,滴头设计水头可以大幅度地降低,从而有可能实现滴灌系统的廉价与节能;而且由田面高差形成的流量偏差率(高差流量偏差率)已经可以计算。

注:本文原发表于《农业工程学报》2006 年第 11 期。

上述进步也给微灌发展提出了一个问题:即在系统设计中,如何计入上述三项偏差的影响?本文的任务,就是要提出考虑三个偏差因素的流量总偏差率计算式并提出流量总偏差率允许值的建议,以便在滴灌系统设计中试用。

2　考虑三因素的流量偏差率表达式

2.1　水力流量偏差率

因管道水流水力比降和设计地形而形成的小区灌水器工作水头最大偏差称为水头偏差,记做 Δh_{max},则 $\Delta h_{max} = h_{max} - h_{min}$;式中:$h_{max}$、$h_{min}$ 分别为小区内灌水器最大、最小工作水头,m。水头偏差与滴头设计水头(h_d)的比值称为水头偏差率 h_{hv},则 $h_{hv} = \Delta h_{max}/h_d$;因水头偏差而形成的流量偏差率称为水力流量偏差率,以 q_{hv} 表示。根据行业规范对流量、水头偏差率的定义,二者的关系为

$$h_{hv} = \frac{q_{hv}}{x} = \left(1 - 0.15q_{hv}\frac{1-x}{x}\right) \tag{1}$$

式中:x 为滴头水头(流态)指数。

2.2　制造流量偏差率

众所周知,滴头的水力关系为

$$q = k_p h^x \tag{2}$$

式中:h 为滴头的工作水头,m;q 为滴头流量,L/h;k_p 为系数;其余符号意义同前。

因滴头制造偏差而形成的流量偏差率称为制造流量偏差率,记做 q_{mv};它是指由于制造原因而造成在同一水头下各滴头的出流量不同。本文定义:制造流量偏差率为滴头样本(规定为 25 个)水力试验中的最大、最小流量之差与平均流量的比值,即

$$q_{mv} = \frac{q_{max} - q_{min}}{q_p} = \frac{(k_{max} - k_{min})h_d^x}{k_p h_d^x} = \frac{k_{max} - k_{min}}{k_p} \tag{3}$$

式中:k_{max}、k_{min}、k_p 分别为按滴头水力关系($k = q/h^x$)推算的与滴头样本水力试验资料中最大流量、最小流量、平均流量相对应的系数。

需要指出的是,这里的制造流量偏差率与以往所提到的制造偏差

的(25 个滴头流量的标准差除以平均流量)定义是不同的,不能混淆。企业提供这个指标并不需要增加试验工作量,由产品标准规定的水力试验资料便可计算得到。

2.3 高差流量偏差率

滴头高程偏离引起的流量偏差率称为高差流量偏差率 q_{zv},已在文献[1]中推导出,即

$$q_{zv} = \frac{x\Delta Z}{h_d} \tag{4}$$

式中:ΔZ 为田面高差,m。

3 流量总偏差率上限计算式

流量总偏差率是上述三项流量偏差率的组合结果。不难理解,一个滴灌系统在设计完成后,上述三项流量偏差率均是确定的。但是,由于安装中具有不同制造偏差的各滴头分布于哪个位置是随机的,田面高差的分布不可能完全了解且每年耕地后还会有所变化。因此,三项流量偏差率在灌区的组合结果是随机的,不可能在设计时对每个滴灌系统的实际流量总偏差率加以确定。但实际系统可以通过田间运行的实测资料,用克里斯琴森公式算出的均匀系数来评价。然而,三项流量偏差率的最不利组合结果——流量总偏差率上限却是确定的、可算的。

流量总偏差率上限只能在这样的情况下出现:当水头最大的滴头位置恰在田面高程比设计高程偏低最大处(偏低为正偏差,反之为负偏差),且安装的是同一水头下流量最大的滴头;水头最小的滴头位置恰在田面高程比设计高程偏高最大处,且安装的是同一水头下流量最小的滴头。流量总偏差率上限应由下式表示,即

$$q_v = \frac{k_{\max}(h_{\max} + \Delta Z_1)^x - k_{\min}(h_{\min} + \Delta Z_2)^x}{k_p h_d^x}$$

式中:ΔZ_1 为灌水小区内滴头高程的最大偏差,$\Delta Z_1 = \alpha_1 \Delta Z$,m;$\Delta Z_2$ 为灌水小区内滴头高程的最小偏差,$\Delta Z_2 = \alpha_2 \Delta Z$,m。

引用文献[4]中提出的经验系数公式

$$h_{\max} = (1 + 0.65 q_{hv})^{1/x} h_d$$

$$h_{\min} = (1 - 0.35q_{hv})^{1/x} h_d$$

将上面两式代入流量总偏差率上限表达式，可得

$$q_v = \frac{k_{\max}}{k_p}\left[(1 + 0.65q_{hv})^{1/x} + \frac{\alpha_1 \Delta Z}{h_d}\right]^x - \frac{k_{\min}}{k_p}\left[(1 - 0.35q_{hv})^{1/x} + \frac{\alpha_2 \Delta Z}{h_d}\right]^x \tag{5}$$

式中符号意义同前。

在几种情况下按式(5)计算的结果列于表1。

表1　流量总偏差率上限计算参数与结果

基本数据							x	q_v 按式(5)	q_v 按式(5′)
q_{hv}	$\Delta Z/h_d$	q_{mv}	$k_{\max}/k_p$	$k_{\min}/k_p$	α_1	α_2			
0.20	0.10	0.10	1.050	0.950	0.60	−0.40	1.0	0.404	0.400
							0.7	0.372	0.370
							0.5	0.351	0.350
0.15	0.07	0.05	1.025	0.975	0.60	−0.40	1.0	0.271	0.270
							0.7	0.250	0.249
							0.5	0.235	0.235
0.25	0.10	0.15	1.075	0.925	0.60	−0.40	1.0	0.507	0.500
							0.7	0.475	0.470
							0.5	0.454	0.450
0.15	0.05	0.07	1.035	0.965	0.50	−0.50	1.0	0.272	0.270
							0.7	0.256	0.255
							0.5	0.246	0.245

另外，按本文给出的三项流量偏差率表达式，由于其分母相同，可直接相加得

$$q_v = q_{hv} + q_{mv} + q_{zv} = q_{hv} + q_{mv} + x\frac{\Delta Z}{h_d} \tag{5′}$$

式中符号意义同前。

按式(5′)计算的结果也列于表1。

从表中可以看出:两式计算结果差别很小,故以后可用式(5′)来计算流量总偏差率上限值 q_v。需要指出的是,流量总偏差率上限(或称流量总偏差率最大值)是三项流量偏差率所有组合中的最大值,是最为不利的组合,是个极端的小概率事件;实际出现的流量总偏差率绝大多数要比上限小得多。为简便,后文所称流量总偏差率即指流量总偏差率上限。

若规定了流量总偏差率允许值[q_v],则可由式(5′)计算得允许的水力流量偏差率[q_{hv}]为

$$[q_{hv}] = [q_v] - q_{mv} - \frac{x\Delta Z}{h_d} \tag{5''}$$

计算得出[q_{hv}]后,按 $q_{hv} \leqslant [q_{hv}]$ 进行微灌系统水力设计,便于与我国现行规范规定的做法没有区别。

4 流量总偏差率允许值建议

按式(5)来设计滴灌系统,与现行规范相比,滴头制造偏差和田面状况两个因素均得到了体现,考虑的因素更为全面。但是,需要规定流量总偏差率允许值[q_v],而允许的水力流量偏差率[q_{hv}]可由式(5)计算而不再需要规定。为此,初步提出关于流量总偏差率允许值[q_v]的建议,以供新滴灌系统田间考核中试用,并不断修改和完善。

考虑到现行滴灌系统设计中忽略了滴头制造偏差的影响,也没有考虑对经济效益不同的作物应有不同的要求,建议流量总偏差率允许值[q_v]分为三档:0.25、0.28、0.32;其中0.25可能与现行规范(仅考虑水力偏差)规定的0.2相当。设计者根据业主对灌水质量的要求及作物种类、种植水平选择[q_v];经济效益高、种植精细、对灌水质量要求高的选小值,反之可选大值。

5 结语

我国现行《微灌工程技术规范》(SL 103—95)制定时由于受到微灌设备生产与测试条件的限制,设计中只考虑了水力流量偏差率一项

因素。但近年来,微灌设备产品发展很快,测试条件也大为改善,有必要和可能把滴头制造偏差也考虑进去;以便使设计更接近于实际,有利于滴头产品的优质、优价,激励厂家生产质量更好的微灌设备。另外,按文献[1]:滴灌系统适应地形的能力与灌区田面状况相匹配来确定滴头设计水头,需要估计田面高差对流量偏差率的影响。因此,本文在文献[1]的基础上,定义了滴头的制造流量偏差率,研究提出了水力偏差、滴头制造偏差及高程偏离三因素最不利组合的结果——流量总偏差率的计算式,并提出关于允许流量总偏差率的建议值以供试用;以便在实践考核中不断改进并完善;为滴灌系统的大幅降价和更为节能提供技术准备。

参考文献

[1] 张国祥,吴普特. 滴灌系统滴头设计水头的取值依据[J]. 农业工程学报,2005(9):20-22.

[2] I. 维尔米林,G. A. 乔伯林. 局部灌溉——设计、安装、操作、评价[M]. 联合国粮食及农业组织, 1980:43.

[3] 中华人民共和国水利部. SL 103—95 微灌工程技术规范[S]. 北京:中国水利水电出版社,1995.

[4] 张国祥. 微灌毛管水力设计的经验系数法[J]. 喷灌技术, 1991(1):4-8.

[5] 傅琳,等. 微灌工程技术指南[M]. 北京:水利电力出版社,1988:24.

[6] 中华人民共和国国家质量监督检验检疫总局. GB/T 17187—1997 农业灌溉设备 滴头技术规范和试验方法[S]. 北京:中国标准出版社,1997.

[7] 张志新. 滴灌[M]. 乌鲁木齐:新疆科技卫生出版社,1992:47.

对微灌滴头水流流态若干问题的思考及补偿机理的探索

1 引言

早期文献[1-2]在论述微灌滴头的水力特性时，将尼古拉兹试验成果作为理论依据。近年来又看到文献[3]在讨论微灌滴头的流态时，结论之一为："六种迷宫式流道灌水器内部流体流动的(雷诺数) $Re = 105 \sim 930$，流态转捩的临界雷诺数比常规尺度流道的值要小，低于255"；文献[4]也以同样的依据来划分滴头的流态。由此看来，有必要对滴头的流态与以尼古拉兹试验成果划分的水流流态作进一步的分析、比较与思考；分清异同，以便走出早已陷入的误区。同时，因受管流流态概念的影响，对近年来出现的滴头(无弹性件)流态指数 $x < 0.5$ 的现象难以理解，也需要对其机理做一探索。

2 以尼古拉兹管流试验成果为依据的流态划分

众所周知，1933年尼古拉兹(Nikuradse)对内壁用人工沙粒粗糙的圆管进行了广泛且深入的水力试验，并将成果点绘在以 $\lg Re$(注：雷诺数的对数)为横坐标、$\lg\lambda$(注：沿程阻力系数的对数)为纵坐标、相对粗糙度 Δ/r(注：Δ 为沙粒粗糙高度；r 为圆管半径)为参变数的图上。1944年，摩迪(Moody)根据前人的试验成果，在双对数坐标中绘制了关于参数 λ、Re、Δ/d(注：d 为圆管直径)的关系曲线图，即为著名的摩迪图。上述图表达了 λ 随 Re、Δ/d 的变化规律；并以此规律为依据来划分水流流态(见表1)。为简便，后文中称之为尼古拉兹流态。

注：本文原发表于《农业工程学报》2012年第1期。

表1　尼古拉兹流态

水流流态	界限雷诺数 Re	流态分区	λ 的影响因素	流量指数 m
层流	$<2\ 300$	—	仅与 Re 线性负相关	1.0
紊流	$>2\ 300$	光滑管区	仅与 $Re^{0.25}$ 线性负相关	1.75
		紊流过渡区	与 Re 和 Δ/d 都有关	$1.75<m<2.0$
		阻力平方区	与 Re 无关,仅取决于 Δ/d	2.0

注:λ 为沿程阻力系数;Δ 为沙粒粗糙高度,mm;d 为圆管直径,mm。

对于尼古拉兹流态,需要着重指出:

(1)尼古拉兹流态的划分依据是圆形直管内有压管流沿程阻力系数 λ 的变化规律;目的是正确选择 λ 的计算公式,也就是正确使用沿程水头损失计算公式,即

$$h_f = \lambda \frac{L}{D} \cdot \frac{v^2}{2g} \tag{1}$$

式中:h_f 为沿程水头损失,m;L 为管长,m;λ 为沿程阻力系数;v 为管内流速,m/s;g 为重力加速度,取 9.8 m/s^2;D 为直管内径,m。

将不同流态的 λ 计算式代入,得到实用公式,即

$$h_f = f\frac{Q^m}{D^b}L \tag{2}$$

式中:f、m、b 分别为沿程水头损失系数、流量指数和管径指数,微灌工程可按管材材质在文献[5]中选取;Q 为流量,L/h。

(2)划分尼古拉兹流态的水流条件是只有沿程水头损失的有压管道水流,起先只针对圆形直管。有压管道流体工程中,可以把产生沿程水头损失与局部水头损失的部位沿管长分段,即沿程水头损失发生在管材段、局部水头损失发生在管件处。正确计算沿程水头损失对于管道流体工程是必需的,故尼古拉兹流态划分对于有压管流是不可或缺的。

(3)总水头损失中全部或部分为局部水头损失,且无法按两种损失形式分段的水流不属于尼古拉兹流态的范畴,没有流态的划分。

(4)只产生沿程水头损失(即无局部水头损失)的有压管流,其层流与紊流流态的界限雷诺数约为2 300。

3　对微灌滴头内水流流态的已有认识

滴头的水力关系为

$$Q = k \cdot h^{x} \tag{3}$$

也可将其改写为

$$h = (Q/k)^{1/x} = (Q/k)^{m_1} = AQ^{m_1} \tag{4}$$

式中:Q 为滴头流量,L/h;k 为系数,对每种规格的滴头 k 为常数;h 为滴头的进口水头,即滴头工作水头,m;x 为流态指数;$A = (1/k)^{m_1}$;$m_1 = 1/x$。

文献[2]中的表2-2对滴头水流流态的划分见表2。表2中:① $0.5 \leqslant x \leqslant 1$的部分与尼古拉兹流态的划分是相同的,但"光滑层流"一词并无根据,是错误的。② $x < 0.5$ 的部分,尼古拉兹流态中是没有的,相应表中最后一列的内容也并非流态。

表2　滴头水流流态的划分

灌水器形式	流态指数 x	m_1	流态
压力补偿式	0		可变流道
涡流式	0.4	2.5	涡流
孔口式、迷宫式、双腔管	0.5	2.0	全紊流
螺旋流道式	0.6~0.7	1.43~1.67	光滑紊流
微孔式	0.8~0.9	1.11~1.25	光滑层流
微管或渗水毛管	1.0	1.0	层流

注:$m_1 = 1/x$,x 为流态指数。

4　几个问题的讨论

4.1　尼古拉兹流态划分是否适用于微灌滴头

如上所述,尼古拉兹流态是针对圆形直管、只有沿程水头损失的水流。因此,笔者认为:尼古拉兹流态划分是否适用于微灌滴头,关键在于判断滴头内的水流是否符合划分尼古拉兹流态的水流条件；符合就适用，不符合就不适用。

微灌滴头流道的形式多种多样，绝大多数滴头流道中沿程水头损失和局部水头损失并存，而且不能按水头损失的2种形式将流道沿长度分段。因此，绝大多数滴头的水流不符合尼古拉兹流态的水流条件，故其成果对于绝大多数微灌滴头是不适用的。

也有适用的特例，如微管（通常为内径≤2 mm的塑料管）滴头，其进口的局部水头损失很小（一般≤3 cm），可把滴头工作水头全部看做是沿程水头损失，符合尼古拉兹流态的水流条件，用其界限雷诺数来判别微管滴头的流态，并按流态选用沿程水头损失的计算公式，便是正确的。需要指出的是，滴头的流量一般≤4 L/h，最大不超过15 L/h；流量为15 L/h、内径为2 mm的微管的雷诺数约为2 030（水温10 ℃时），故微管滴头的流态基本上都为层流，因其流量受水头、水温的影响最大，水力性能差，所以在工程中已经基本上被淘汰。

4.2 微灌滴头的工作水头与管道沿程水头损失的区别

式(3)、式(4)中的 h 是滴头的工作水头（即滴头的总水头损失），是滴头流道沿程水头损失和局部水头损失（含进口损失）之和；而式(1)、式(2)中的 h_f 为管流的沿程水头损失，不含局部水头损失。由式(2)中 m 值可判断其适用的管流流态；而式(4)中的 m_1 值只能定性地说明滴头工作水头中沿程水头损失和局部水头损失份额的多寡，即随着局部水头损失在总水头损失中的份额由0增大到100%，其 m_1 值从1.0逐渐增大到2.0；故流量指数 m_1 与 m 是有原则性区别的，不能视为等同（$m_1=m=1$ 除外）。例如管道水流在阻力平方区时 $m=2$，孔口滴头只有局部损失时 $m_1=2$，两种情况下水头损失的形式及水头损失计算公式均完全不同。因此，不应认为孔口滴头的流态等同于圆形直管中的紊流阻力平方区。又如若 $m=1.75$，可认定圆形直管的流态为光滑管紊流。但 $m_1=1.75$（即 $x=0.571$）只能说明滴头工作水头中局部水头损失的份额已相当大，不能认为滴头的流态为光滑管紊流。

笔者认为：由于 h 与 h_f 的含义不同，不能仅根据数值上 $m_1=m$ 就认为滴头的流态与圆形直管的流态相同。仅当滴头的水头损失只有沿程水头损失(无局部水头损失或可忽略)时,m_1 与 m 才等同,尼古拉兹流态才适用于滴头;但这样的情况,仅见到微管滴头一例。

4.3　关于水温的修正

众所周知,有压管流处于层流、光滑管紊流、紊流过渡区时,摩阻系数 f 都与雷诺数有关,而水温是影响雷诺数的因子之一。故在以上3种流态下计算沿程水头损失时,需要考虑水温的影响。管流计算一般为已知流量求沿程水头损失,当设计水温与所用公式中考虑的水温不一致时,需要对沿程水头损失做水温修正。但局部水头损失与水温无关,不需做水温修正。

微灌滴头常为已知工作水头计算流量,以往的做法是把尼古拉兹流态套用于滴头,按 m_1 等同于 m,对滴头流量做水温修正,实质上是认为滴头工作水头损失全部是沿程水头损失,这显然与实际(除微管滴头外)不符。

当 $x=1$ 时,应按层流流态对滴头的流量做水温修正;当 $x\leqslant 0.5$ 时,滴头的工作水头基本上全部为局部水头损失,不需要做水温修正;当$1>x>0.5$时,似应在沿程水头损失份额比较大时做流量的水温修正。但鉴于以下情况:① 目前尚无法区分滴头内沿程水头损失与局部水头损失各占的份额,也还没有成熟的修正方法。② 目前,工程中常用滴头的 x 值基本上小于0.65,且随着技术的进步,滴头的 x 值还会进一步降低。所以,对于常用滴头,沿程水头损失占工作水头的份额已不大,水温修正量有限。③ 除微管滴头外,其余滴头的水力关系均由水力试验实测得到。因此,目前当 $1>x>0.5$ 时可不做滴头流量的水温修正,必要时(若设计水温与试验水温的差别 >15 ℃)可用设计温度的水进行滴头的水力试验,得到符合水温要求的水力关系式。

4.4　对滴头流态划分必要性的思考和建议

如前所述,尼古拉兹流态划分对于有压管流工程的设计与计算是不可或缺的,但将其套用到微灌滴头上却是错误的。微灌系统设计与计算所需要的滴头水力关系(除微管滴头外)一直以来都是通过水力试验实测得到的,故微灌滴头不存在划分流态的实际需要。

鉴于仅微管滴头有用尼古拉兹成果的需要,但该滴头已基本被淘汰,建议今后应放弃对滴头流态的区分;为防止重陷套用尼古拉兹流态的误区,x 宜称为水头指数;以往紊流滴头是特指滴头内流态为紊流的阻力平方区,这与实际不符,故不应再使用紊流滴头的称呼。滴头的水力性能可通过水头指数 x 值来比较与评价。

5 无弹性件滴头流态指数 $x<0.5$ 的机理探索

补偿滴头的出现,使滴头流量受水头的影响变得更小,甚至在某个水头范围内,滴头流量为常量。这有利于提高灌水质量,并减少微灌系统设计的工作量。补偿滴头,是在滴头流道内装有弹性件;且弹性件的变形量随着滴头工作水头的增大(或减小)而增大(或减小),导致过流断面的面积减小(或增大),从而降低甚至完全抵消了滴头工作水头对流量的影响,使 x 值接近或等于零。这是装有弹性件滴头的补偿机理,可简称为"面积补偿",如以色列生产的"卡体夫"滴头,当 $h=5\sim35$ m,滴头流量几乎为常数,其性能相当优越。

对于无弹性件(即边界固定流道)的滴头,受尼古拉兹流态观念的影响,以往普遍认为其流态指数 x 值不会小于 0.5。但近年来,滴头流道的消能效果有了大幅度地提高,一些有关无弹性件的滴头实测资料中出现了 $x<0.5$ 的情况。

图 1 所示为齿形流道 20 个单元。在 2 m 和 10 m 水头的情况下,用 Fluent 软件计算流量 Q(见表 3);并绘出两个水头下第 10 单元的流线图(见图 2)。从图中可见,由于流道边界的急剧变化,流动惯性导致

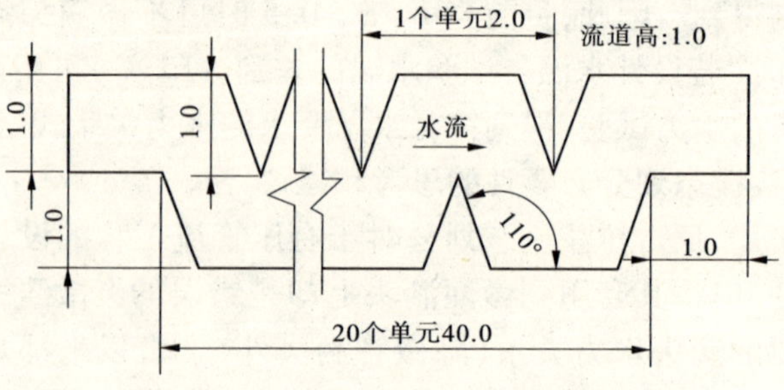

图 1 滴头流道示意图 (单位:mm)

水流从齿尖开始脱离边界，在齿下游面形成范围较大（约占流道的一半）的回流区，从而提高了消能效果，也压缩了主流过水断面。在两张流线图上标出控制断面的最小过水宽度，列于表3。可见10 m水头下的最小过水宽度（因流道高度为1 mm，过水宽度与过水断面面积等值）缩小为2 m水头下最小过水宽度的93.2%，证实存在过水断面随水头的增大而减小的现象。

表3　滴头流量计算

流道的水力关系	$Q=0.931h^{0.471}$	
流道高度（mm）	1.0	
滴头工作水头 h（m）	$h_2=2.0$	$h_{10}=10.0$
滴头流量 Q/（$L\cdot h^{-1}$）	$Q_2=1.28$	$Q_{10}=2.74$
坐标轴1 mm长的测量值（mm）	34.22	34.12
最小过水宽度的测量值（mm）	12.60	11.72
实际最小过水宽度 L（mm）	0.368	0.343
2个水头下最小过水宽度（即面积比例）	—	0.932

注：表中字母下标表示滴头工作水头。最小过水宽度＝最小过水宽度测量值/坐标线（1 mm）的测量值。

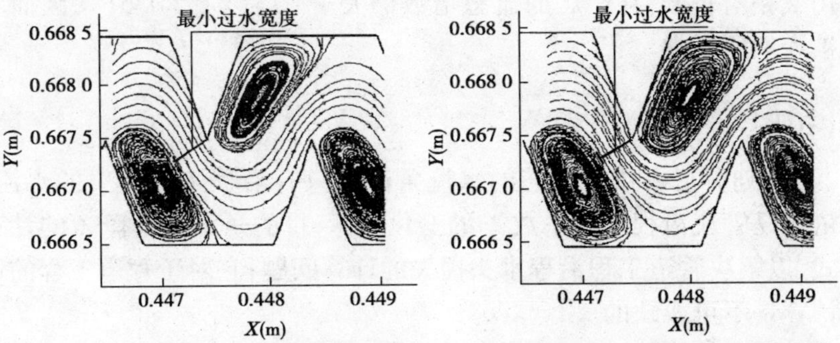

(a) h=2 m，第10单元的流线　　(b) h=10 m，第10单元的流线

图2　滴头在不同工作水头下的流线

对于表3作以下粗略估算：工作水头为10 m时，如果过水断面没

有发生收缩，即过水断面面积仍为 A_2，此时的流量记做 Q'_{10}，应有 $Q'_{10} = Q_{10}/(A_{10}/A_2) = 2.74/0.932 = 2.940(\mathrm{L/h})$；根据式(3)应有：$Q'_{10}/Q_2 = (h_{10}/h_2)^x$，因 $Q'_{10}/Q_2 = 2.940/1.28 = 2.297$，则 $(h_{10}/h_2)^x = (10/2)^x$，可得 $2.297 = 5^x$，对上式两边取对数，可求得滴头过流断面在不发生收缩情况下的 x 值，即 $x = \frac{\lg 2.297}{\lg 5} = 0.517$。结果表明：由于滴头工作水头从 2 m 升高到 10 m，水流惯性随流速的加大而增大，导致过流面积减小至 2 m 水头时的 93.2%，使滴头的 x 值从 0.517 降为0.471；从而减小了水头对流量的影响，体现了一定的补偿作用，同样是面积补偿；产生面积补偿的原因不是弹性件的变形，而是由于流道边界的急剧变化和水流惯性与水头(流速)成正相关。这应该是无弹性件(即边界固定流道)滴头 x 值也可小于 0.5 的机理。

可想而知，水流脱离边界的现象，不应是齿形流道所独有的。凡边界有急剧变化的流道，流道内边界急变的凸点都存在着水流由此脱离边界的现象，会有不同程度的面积补偿作用。如边缝式滴灌带的“长城”形流道，水流在流道弯折处的凸点也会脱离边界、产生回流，过流面积随流速的加大而减小，从而有一定程度的面积补偿作用；但因“长城”形流道内沿程水头损失所占份额比齿形流道要大，而“面积”补偿作用又相对较低，补偿后的流态指数仍大于 0.5(约为 0.61)，因而不易被人们所察觉。

6 结论

(1)划分尼古拉兹流态的水流条件是只有沿程水头损失的水流；其依据是管流沿程阻力系数 λ 的变化规律；目的是正确选择 λ 的计算公式，以解决管道工程沿程水头损失的计算问题；它对于管道工程的设计计算是不可或缺的。

(2)微管滴头的水流符合尼古拉兹流态的划分条件，故将尼古拉兹流态应用于微管滴头是正确的；但微管滴头已基本被淘汰。其他流道形式的滴头，其工作水头兼有局部水头损失和沿程水头损失，或全部为局部水头损失，不符合划分尼古拉兹流态的水流条件；以往将尼古拉兹流态套用到全部滴头的做法是错误的。建议今后不再区分滴头流态（除微管滴头外）、不再使用紊流滴头的称呼；x 不宜称为流态指数，建议称为水头指数；至于滴头的水力性能，可通过滴头水头指数 x 值来比较与评价。

（3）以往将滴头的 m_1 值等同于有压管流沿程水头损失公式中的 m 值，即把滴头的工作水头视为有压管流的沿程损失水头，并按管流沿程水头损失对滴头流量做水温修正（除微管滴头外），这样必将导致对滴头流量的修正过度。

（4）笔者认为：当 $x=1$ 时，应按层流流态对滴头流量做水温修正；当 $x \leqslant 0.5$ 时，滴头流道内基本上全部为局部水头损失，不需要做水温修正；当 $1>x>0.5$ 时，鉴于目前的技术状况，也可不做水温修正，必要时，可用设计温度的水进行滴头的水力试验，得到符合水温要求的水力关系式。

（5）滴头补偿性（$x<0.5$）的机理是过流面积随水头的增大而减小，可称为面积补偿。有弹性件的滴头是通过弹性件的变形来实现的；无弹性件（流道边界固定）的滴头是因流道边界的急剧变化，惯性使水流从流道内边界急变的凸点开始脱离边界，并出现回流区和过流断面被压缩的现象，因水流惯性与滴头工作水头（流速）成正相关，从而产生面积补偿效应。但是，目前这种补偿效果还比较有限。

参考文献

[1] 吴义伯. 滴灌系统水力设计讲义[R]. 北京：水利水电科学研究院水利研究院，1981：14-15.

[2] 傅琳，董文楚，郑耀泉，等. 微灌工程技术指南[M]. 北京：水利电力出版社，1988：19-21.

[3] 李云开，杨培岭. 滴灌灌水器迷宫式流道内部流体流动特性分析与试验研究[J]. 水利学报，2005，36(7)：886-890.

[4] 中国水利部农村水利司，中国灌溉排水发展中心. 节水灌溉工程实用手册[M]. 北京：中国水利水电出版社，2005：321.

[5] 中华人民共和国住房和城乡建设部. GB/T 50485—2009 微灌工程技术规范[S]. 北京：中国计划出版社，2009.

廉价节能高效滴灌系统研究报告（低压滴灌系统开发基础研究）

1 问题的提出

实用滴灌技术与设备自20世纪60年代末面世以来，其增产、优质、节水、适应各种地形的优点已被越来越多的人们所认知，因此其应用面积的增长速度相当快，2000年与1991年相比，据全世界（88个国家）统计，微灌面积增加了76%，其中美国增加了73%，印度增加了72%，中国台湾增加了80%。滴灌技术从其开始使用的时候起，便被定位为“昂贵”的灌水技术，应用于高经济效益的作物；正是这种“昂贵”，使滴灌到目前仍然仅能在经济效益比较高的作物上应用，严重地制约着微灌面积的更大发展。因此，到2000年末，灌溉面积中微灌面积的比重仍然很小，在全世界（88个国家）仅占1.52%，其中，美国为4.9%，中国约为0.5%，反映了“昂贵”对滴灌发展的制约。

滴灌的优势极具吸引力，无论是从快速发展农村经济、提高农民生活水平，还是缓解水资源紧缺，都应该有更大的发展空间。但滴灌的高投入使大量效益不很高的农作物使用滴灌，利润极薄或者无利可图，所以“昂贵”是滴灌发展所遇到的最重大问题。

注：本报告笔者写于2002年12月，2003年初在国家节水灌溉杨凌工程技术研究中心发表。2003年3月9日至10日，在杨凌中心召开了《廉价节能高效滴灌系统研究——低压滴灌系统开发基础研究》项目论证会，并形成论证意见。邀请并到会的专家有：武汉大学董文楚教授、中国水利水电科学研究院水利研究所总工龚时宏研究员、新疆生产建设兵团水利局原局长顾烈烽高工、中国农业大学李光永教授、西北水利科学研究院胡若愚高工等。

本课题就是要研究分析滴灌系统高费用的主因,在此基础上进一步研究分析相关因素的取值依据、是否有改进的必要和可能,讨论该因素改变后的影响及解决办法;配套并完善相应设计理论与方法;在技术性能不降低(某些性能有所提高)的前提下,寻找出滴灌系统从"昂贵"高台上走下来的技术途径。

2 本课题研究的意义

(1)通过本课题的研究,将可能重新认识制约滴灌系统发展的昂贵问题,为既解决滴灌的昂贵问题又不降低滴灌系统的技术性能找到突破口。

(2)可能为廉价、高效的滴灌系统开发提供理论与技术基础。

(3)丰富和完善滴灌设计理论。

(4)滴灌系统的廉价化必然会带来滴灌应用的更大发展。

3 影响滴灌系统投资与能耗的关键因素分析

3.1 滴灌系统与设备的重要特点

滴灌比喷灌、管道灌溉及地面灌溉更能为作物提供最适宜的生长环境,而且是最为节水的灌水技术。因此,与其他灌溉系统相比,滴灌系统与设备具有下列重要特点:

(1)管道用量大。滴灌要用管道把水直接送到作物根区土壤进行局部灌溉,其管道(管材与管件)用量很大;从每亩所用的管长来看:行距为4 m的果树滴灌约为180 m(含毛管,以下同),新疆生产建设兵团棉花膜下滴灌为460~750 m(毛管间距分别为1.5 m、0.9 m);而管道灌溉仅为5~9 m;固定式喷灌为9~12 m,半固定式喷灌仅为3~5 m。

(2)必须有过滤设备。滴灌灌水器的流道尺寸很小,仅为0.7~1.2 mm,为避免或减轻堵塞影响,必须配备比较完善的过滤设备。

(3)滴头加工精度高、用量大。滴灌以小流量、长时间进行灌溉,其滴头兼具配水和消能的作用,尺寸微小、结构比较复杂,加工精度要求高,而且滴头亩用量很大,如滴灌果树亩滴头用量在200个以上,棉花膜下滴灌亩滴头用量为1 400~2 500个。

(4)一般需要加压。滴灌属于压力灌溉,其灌水器及系统均要求一定的压力,虽比喷灌低,但比管道灌溉高,在没有自然落差或者落差不足的情况下需设加压泵站。因此,不仅要有设备投入,而且有运行能耗。

上述特点使滴灌具备了其他灌水技术难以相比的优势;与此同时,也带来了滴灌系统的高费用。

3.2 压力是影响滴灌系统费用最为关键的因素

经过大约半个世纪的发展,滴灌系统目前已相当成熟。它主要由首部(加压、过滤、施肥、控制及量测)、干管(指支管以上的管网)、灌水小区(支管、毛管、滴头等)等部分组成。下面分析压力对设备及运行费用的影响。

(1)压力对加压机组投资的影响。系统压力(指田面以上的压力或扬程,后文均同)的大小决定着水泵的扬程和动力机功率的高低。在同一流量下,加压机组的投资与系统压力的大小成正相关。

(2)压力对过滤设备费用的影响。系统压力决定着过滤设备的耐压等级,而滴头设计压力的大与小,在同一流量下影响着滴头流道尺寸的小与大,关系到对过滤要求的严与宽,直接影响过滤设备的配置。因此,严格地说,过滤设备的投资也与压力的大小成正相关。

(3)压力对干管、支管、毛管费用的影响。干管、支管、毛管均为压力塑料管道,其壁厚均由下式计算,即

$$e = \frac{DP}{2[\sigma] + P} \tag{1}$$

式中:e 为壁厚,mm; D 为管外径,mm;$[\sigma]$为管壁塑料设计允许抗拉强度,MPa; P 为管内水压强,MPa。

单位长度管材消耗塑料的体积 $V = \pi(D - e)e$,可按下式计算,即

$$V = \frac{2 \times 10^{-6} \pi D^2 P[\sigma]}{(2[\sigma] + P)^2} \tag{2}$$

式中:V 为单位长度管材消耗塑料的体积,m^3/m;其余符号意义同前。

由于 P 比 $2[\sigma]$小得多,可以看出,单位长度管材消耗塑料的体积 V 基本上与 P 成正比。众所周知,管道投资基本上与塑料耗量成正比,

也就是说干管、支管、毛管的投资基本上与其设计压力的大小成正比。当然,管材有压力分级的问题,将另作讨论。

(4)压力对系统运行费用的影响。能耗是系统运行费用的主要部分,系统能耗(指田面以上部分扬程的能耗)与系统压力成正比。

从上述分析可知,压力对滴灌系统的投资与能耗影响极大,是个最为关键的因素。

4 干管进口的压力在许多场合有大幅度降低的潜力

4.1 干管进口压力的组成

本报告中的干管进口是指系统首部与管网的联结点。该点的压力由以下几部分组成:

(1)地形高差。地形高差是指灌水小区进口与干管进口的高差。为便于讨论,在此按田面水平、地形高差为零考虑。

(2)支管进口压力(或水头)。支管进口水头,亦即灌水小区进口水头,在水平地面的条件下,它由滴头设计水头和支管、毛管的水头损失(一部分)组成。经文献[2]中估算,当灌水器水头(流态)指数 $x=0.5\sim1.0$、流量偏差率 $q_v=0.2$ 时,支管进口水头为滴头设计水头 h_d 的 1.2 ~1.4 倍,后文的讨论中按 $1.4h_d$ 计。当 $h_d=10$ m 时,支管进口水头约为 14 m。

(3)干管水头损失。干管(硬塑料管)总水头损失由下式计算,即

$$H = \frac{KfQ^{1.77}L}{d^{4.77}} \tag{3}$$

式中:H 为干管总水头损失,m;K 为总损失扩大系数;f 为摩阻系数,对硬塑管 $f=0.464$;Q 为通过的流量,L/h;L 为管长,m;d 为管内径,mm。当各管段流量或内径不一致时,可分段计算后相加。

目前,滴灌系统干管进口的压力一般在 0.4 MPa 左右,干管水头损失为 20 ~26 m,本文按 23 m 讨论。

4.2 滴头设计压力(或水头)在许多场合存在着大幅度降低的空间

滴头设计水头通常取值为 10 m,但近年来,在使用薄壁滴灌带时,由于滴灌带本身的强度问题,滴头设计水头有取小的趋势,取值范围为

7~10 m。从以色列引进的“重力”滴灌是个特例,其滴头设计水头仅为1 m,在我国日光温室有使用,效果不错。那么滴头设计水头应依据什么来确定呢?多年来,并未见到滴头设计水头取值依据的论述。

众所周知,滴灌具有能适应各种地形的优点,以往在叙述滴灌优点时曾说过:“滴灌不需要平整土地”。研究表明,这个优点就来自于滴头设计压力的高取值,论述如下:

(1)田面高差引起的流量偏差率。在一个灌水小区内,由于田面局部不平整(相对于均匀坡)或设计中的简化(如非水平面按水平面设计),会使某些滴头的位置实际高程偏离设计高程。本文将滴头所处位置的设计高程与实际高程之差称为高程偏离,并定义:在讨论的范围内(如灌水小区),高程偏离的最大值与最小值之差为田面高差,以 ΔZ 表示,即

$$\Delta Z = \Delta Z_1 - \Delta Z_2 \tag{4}$$

令

$$a_1 = \frac{\Delta Z_1}{\Delta Z}, \quad a_2 = \frac{\Delta Z_2}{\Delta Z}$$

则有

$$a_1 - a_2 = 1$$

式中:ΔZ 为田面高差,m;ΔZ_1 为高程偏离的最大值,m;ΔZ_2 为高程偏离的最小值,m。

定义:田面高差与滴头设计水头 h_d 的比值为田面高偏差率 Z_v,即 $Z_v = \Delta Z / h_d$。考虑到滴头水力关系($q = ch^x$),由田面高差 ΔZ 引起的流量偏差率可用下式表示,即

$$q_{zv} = \frac{c[(h_d + \Delta Z_1)^x - (h_d + \Delta Z_2)^x]}{ch_d^x} = (1 + a_1 Z_v)^x - (1 + a_2 Z_v)^x \tag{5}$$

将上式按二项式展开取前三项,得

$$(1 + a_1 Z_v)^x = 1 + x a_1 Z_v + \frac{x(x-1)}{2} a_1^2 Z_v^2$$

$$(1 + a_2 Z_v)^x = 1 + x a_2 Z_v + \frac{x(x-1)}{2} a_2^2 Z_v^2$$

代入式(5),因第三项相对很小而略去,得

$$q_{zv} = xZ_v(a_1 - a_2) = xZ_v = \frac{x\Delta Z}{h_d} \tag{5'}$$

将田面高差 ΔZ 引起的流量偏差率称为高差流量偏差率,记做 q_{zv};可以据此来评判田面高差 ΔZ 对灌水质量的影响。

(2)滴头设计水头取值对灌水质量的影响。众所周知,设计中灌水质量要求是通过限定流量偏差率来实现的,滴头设计水头取值应该是使田面高差 ΔZ 对流量偏差率的影响减小到可接受的范围内,也就是滴灌系统对地形的适应能力是否适当的问题。表 1 列出了滴头设计水头为 10 m、流态指数 $x=0.5$ 的条件下,不同田面高差对灌水质量的影响。

表 1　$h_d=10$ m、$x=0.5$ 时 ΔZ 对灌水质量的影响

滴灌灌区类别	ΔZ(m)	Z_v	q_{zv}	评判
温室、大棚	≤0.05	≤0.005	≤0.002 5	影响可忽略
平原区灌溉地	0.05~0.25	0.005~0.025	0.002 5~0.012 5	影响可忽略
丘陵区经平整的耕地	0.25~0.40	0.025~0.04	0.012 5~0.02	影响很小
山丘区果园	0.50~1.00	0.05~0.10	0.025~0.05	可接受

从表 1 可见,滴头设计水头取 10 m,对于山丘区果园是可接受的;对于平原区的原水浇地和丘陵区经平整的耕地,特别是温室、大棚,显然是不必要的;如以 $q_{zv}\leq 0.05$ 为界限,温室、大棚中滴头设计水头可取 0.5 m(仅为 10 m 的 5%,降低了 95%)。这就从理论上解释了"重力"滴灌可在日光温室应用的道理;也说明在田面高差小的场合,滴头设计水头存在着很大的降低空间;即便是从以色列引进的"重力"滴灌,滴头设计水头仅为 1.0 m,但仍还有 50% 的降低空间。

由上述可见:以往注意到了滴头设计水头取 10 m 后,滴灌系统有很大的地形适应能力,可不平整土地;但却忽略了大量的滴灌面积是建设在已经平整的土地上(甚至是原地面灌溉的灌区,如新疆棉花膜下滴灌),由大的滴头设计水头赋予对地形的很大适应能力,不同程度地

成为闲置能力；为大的滴头设计水头所付出的高投资和高能耗(运行费)，在这样的条件下隐含着不同程度的浪费，是可以挖掘利用的潜力。

综上所述，滴灌的昂贵是适应地形的闲置能力所致，滴灌廉价化的突破口在于消除闲置能力。为便于讨论，把有闲置能力的滴灌系统称为常规滴灌系统。

4.3 减小干管水头损失的措施

如前所述，由于灌水质量的要求，支管进口水头约为 $1.4h_d$；随着滴头设计压力的减小，支管进口水头会同比例减小。如以 $\Delta Z = 0.20$ m 作为讨论的平均情况，可取 $h_d = 2.0$ m；支管进口水头可由 14 m 降到 2.8 m，降低了 11.2 m，降低幅度达到 80%。

下面分析减小干管水头损失的途径与经济性。

(1)加大管径、降低压力条件下的管材经济性判别。众所周知，在管道材质、管长、流量已定的情况下，减小管路水头损失的唯一措施就是加大管径。管径加大一方面会增大投资，另一方面又能降低管路的水头损失，从而有可能使用压力等级低而口径大的管材。但是，需要判别其是否经济。

以压力等级与直径均不同的管材 2 代替管材 1，引用式(2)，每米管材消耗塑料的体积分别为

$$V_1 = \frac{2\times10^{-6}\pi D_1^2 P_1[\sigma]}{(2[\sigma]+P_1)^2},\quad V_2 = \frac{2\times10^{-6}\pi D_2^2 P_2[\sigma]}{(2[\sigma]+P_2)^2}$$

$\frac{V_2}{V_1}$，并令 $\alpha_D = \frac{D_2}{D_1}$，$\alpha_P = \frac{P_2}{P_1}$，忽略两式分母中 P_2 与 P_1 的差别，要满足 $V_2 \leqslant V_1$ 便是要满足

$$\alpha_D^2\alpha_P \leqslant 1 \tag{6}$$

按 $\alpha_D^2\alpha_P = 1$ 作判别曲线示于图 1，当点子落在曲线以下，说明管材 2 比管材 1 经济。

国家标准对 PVC 管材的直径、压力规格已有规定，如 0.4 MPa 级 Φ200 mm管材的壁厚为 $4.0_0^{+0.6}$ mm、0.3 MPa 级 Φ225 mm 管材的壁厚为 $3.4_0^{+0.6}$ mm，二者 $\alpha_D = 1.125$、$\alpha_P = 0.75$，点子落在判别曲线以下，说

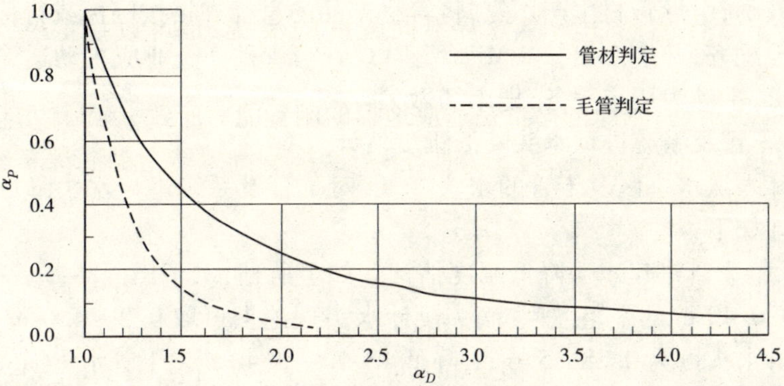

图1　管材及毛管判定

明用0.3 MPa级Φ225 mm的管材比用0.4 MPa级Φ200 mm管材经济。也可由式(6)算得：$\alpha_d^2 \cdot \alpha_P = 0.949 < 1$，节省量为：$1 - 0.949 = 5.1\%$。上述两种管材内径分别为：Φ191.4 mm和Φ217.6 mm，内径比值为1.137，利用式(3)可算出Φ225 mm管材的水头损失只有Φ200 mm管材的54.3%，即减小了45.7%；以干管水头损失23 m计，损失水头减少了10.51 m。对于小直径管材，如以0.3 MPa级Φ110 mm管材代替0.4 MPa级Φ90 mm管材，水头损失将减少63.4%，耗材仅增加12%。又如，以0.3 MPa级Φ110 mm管材代替0.4 MPa级Φ110 mm管材，其耗材减少近25%，水头损失可降低4.4%。说明干管水头损失是可以大幅度降低的，而且投资不仅可能不增加，还可能有所降低。

(2)减小干管水头损失的措施。如上所述，干管进口水头若能降低一个压力级，同一管径的管材除投资显著减小外，还因壁薄而内径加大，水头损失也有所减小。也可以选用大一级直径(压力低一级)的管材以显著减小水头损失，而投资基本不增加或略有减少。还可将上述措施结合使用，同时实现干管进口水头降一个压力级和投资额也明显减少的目标。干管一般要埋于地下，必需满足环刚度要求，壁厚也不能太薄(压力等级不能太低)，因此管材直径级差不能太大。目前，企业为减少管件模具投资，在国家和行业标准规定的管径级差基础上，跳级(不是逐级)供应管材，这样往往造成投资浪费。政府部门要从政策上予以鼓励，引导管材生产厂家，将管材产品的直径规格按国标或行标不缺档地配齐，并生产出0.3 MPa级PVC管与管件。企业应主动适应市场需求，主动为用户服务，把市场做大。

4.4 干管及系统进口水头降低幅度估计

计入灌水小区及干管的水头降低，对干管及系统进口水头降低幅度估计如下：

（1）干管进口水头降低幅度估计。如上所述，对于田面高差 $\Delta Z = 0.02 \sim 0.40$ m的平整灌区，滴头设计水头理论上可取0.2～4.0 m；支管进口水头可为0.28～5.6 m，降低13.72～8.40 m。干管水头损失按减少 $10.51 \times 0.3 = 3.15$(m)计；两项相加，干管进口水头可减少11.55～16.87 m；与原 $23 + 14 = 37$(m)相比，降到25.45～20.13 m；降幅为31.21%～45.59%，降低幅度超过管材的一个压力等级。

（2）系统进口水头降低幅度估计。暂不考虑滴头设计压力减小后，因滴头流道加大而可能降低对过滤设备配置的要求（可能降低首部所需水头）；首部所需水头仍按10 m计，系统进口水头原为47 m，现降为35.45～30.13 m；降幅为24.57%～35.89%。

5 滴头设计水头确定原则与滴头设计水头及滴灌带耐压能力分级

5.1 滴头设计水头确定原则与算式

滴头设计水头（h_d）取得太大，滴灌系统适应地形的能力可能被闲置，造成投资及运行费的浪费；滴头设计水头取得太小，将可能使系统适应地形的能力太低，灌水质量难以保证。因此，必须根据灌区的田面高差 ΔZ 来确定滴头设计水头 h_d。滴头设计水头确定的原则是：使滴灌系统适应地形的能力与灌区田面状况相匹配——即基本上无闲置能力。为此，由式(5)得到：$h_d = x \cdot \Delta Z / q_{zv}$；问题是应赋予多大的 q_{zv} 值？显然，一个合理的 q_{zv} 值，将涉及技术经济问题，在现阶段还不可能准确确定。为此，先提出初值试用，在以后的实践中再不断修正与完善，取 $q_{zv} \leqslant 0.05$，得

$$h_d \geqslant 20x \cdot \Delta Z \quad (7)$$

式中符号意义同前。

5.2 滴灌带耐压能力与滴头设计水头分级及低压滴灌系统的含义

如前所述,为使滴灌系统无闲置能力,不能再用1、2种滴头设计水头的滴灌带来适应所有的滴灌灌区,需要设置并开发低压力级滴灌带和滴头。为此,将滴灌带耐压能力 p_N 与滴头设计水头进行适当分级,列于表2。

表2 滴灌带耐压能力与滴头设计水头分级建议

$x \cdot \Delta Z$(m)	≤0.025	≤0.05	≤0.08	≤0.125	≤0.20	≤0.30	≤0.50
滴灌带 p_N(MPa)	0.007 5	0.015	0.025	0.04	0.06	0.09	0.15
滴头 h_d(m)	0.5	1.0	1.6	2.6	4.0	6.0	10.0
命名	低压滴灌带与低压滴头					常压滴灌带与常压滴头	

表2把滴灌带耐压能力与滴头设计压力分为7级,各级均有其适用的田面状况。由于滴灌灌区多数属于 $\Delta Z \leqslant 0.4$ m的范围,又考虑到与现行常压滴头有较大差别,我们把表2中 $h_d \leqslant 4.0$ m的滴头称为低压滴头;把压力级 $p_N \leqslant 0.06$ MPa的滴灌带称为低压滴灌带;把基本无闲置能力的滴灌系统称为新型滴灌系统;把使用低压滴头的滴灌系统称为低压滴灌系统;把基本无闲置能力的低压滴灌系统称为新低压滴灌系统。新低压滴灌系统是本课题后要开发的内容。需要指出的是,"重力"滴灌是低压滴灌系统,但由于温室田面高差很小,它还有约50%的闲置能力,所以还是常规低压滴灌系统,而不是新低压滴灌系统。

5.3 滴头设计水头降低所带来的优势与问题

5.3.1 优势

滴头设计水头降低除带来投资和能耗的降低外,还将带来以下优势:

(1)提高滴灌系统的抗堵塞性能。众所周知,滴头的水力关系可写进流道断面特征尺寸而成,即

$$q = k_1 a^2 h^x$$

式中：q 为滴头流量，L/h；k_1 为常系数；a 为滴头流道断面特征尺寸，对于圆形流道为直径，mm；h 为滴头工作水头，m；x 为水头（流态）指数。

如滴头 1（常压滴头）和滴头 2（低压滴头），其流道形式、k_1 及 x 相同，而 q、a、h 不同，令 $\alpha_q = \frac{q_2}{q_1}$，$\alpha_a = \frac{a_2}{a_1}$，$\alpha_h = \frac{h_2}{h_1}$，可得

$$\alpha_q = \alpha_a^2 \cdot \alpha_h^x \tag{8}$$

式（8）可用来表示滴头参数之间的关系。表 3 列出了两个滴头在流量相同的条件下，流道断面特征尺寸的比值。表中数据表明，低压滴头的流道尺寸可显著加大，抗堵塞性能应能得以大幅度地提高，或者过滤要求可以降低。

表 3　$\alpha_q = 1$ 时两种滴头流道断面特征尺寸的比值

滴头 1：h_d(m)		10				
滴头 2：h_d(m)		0.5	1.00	1.60	2.50	4.00
$x = 0.5$ 时	a_2/a_1	2.11	1.78	1.58	1.41	1.26
$x = 1$ 时	a_2/a_1	4.47	3.16	2.50	2.00	1.58

注：两个滴头 x、k_1 值相同。

（2）降低滴头制造难度。滴头尺寸小，其模具机加工精度要求很高。不难理解，机加工精度是以流道断面尺寸的相对误差来表达的，低压滴头流道尺寸的显著加大，相同机加工精度必然带来流道断面尺寸的相对误差减小，从而降低滴头的制造偏差。如流道断面尺寸的相对误差要求相同，必然可降低加工精度要求，从而降低加工成本。

5.3.2　问题

滴头设计水头降低也带来了以下问题，分析如下：

（1）田面高差对灌水质量的影响不再可忽略。只是当滴头设计水头取 10 m 时，田面高差对灌水质量有影响，在一般情况下这种影响很小，小到可以忽略。但新型滴灌系统的滴头设计水头已经取小，由此引起的流量偏差率可达 5%，这种影响已不宜或不能被忽略，在设计中应该予以考虑。这就是考虑三因素的流量偏差率及其组合问题。

（2）对毛管使用长度有影响。众所周知，灌水小区的允许水头偏

差为

$$[\Delta h] = [h_v] \cdot h_d \tag{9}$$

式中:$[\Delta h]$为灌水小区允许水头偏差,m;$[h_v]$为允许水头偏差率;其余符号意义同前。

由此可见,h_d 减小将使$[\Delta h]$同比减小。按规范,水平坡毛管极限孔数 N_m 按下式计算,即

$$N_m = \mathrm{INT}\left(\frac{5.446\beta_1[\Delta h]d^{4.75}}{KSq_d^{1.75}}\right)^{0.364}$$

式中:INT( )为将括号内数据舍去小数成整数;β_1 为允许水头偏差分配给毛管的比例;d 为毛管内径,mm;K 为局部损失扩大系数;q_d为滴头设计流量,L/h。

可见,在其他条件不变的情况下,h_d 减小会使毛管极限孔数减少,也就是说每根毛管使用长度会减小;将增加支管条数,有可能加大投资。

研究表明,可以通过适当增大毛管直径的途径,使毛管极限长度保持在合理范围内。设以毛管 2 代替毛管 1,二者 S、K、β_1、$[h_v]$相同,其余物理量用下标来区别,令

$$\alpha_h = \frac{h_{d2}}{h_{d1}}, \quad \alpha_d = \frac{d_2}{d_1}, \quad \alpha_q = \frac{q_{d2}}{q_{d1}}$$

可导出毛管 2 比毛管 1 极限孔数不减少的条件为

$$\frac{\alpha_h \cdot \alpha_d^{4.75}}{\alpha_q^{1.75}} \geqslant 1 \tag{10}$$

当滴头流量相同时($\alpha_q = 1$),有

$$\alpha_h \cdot \alpha_d^{4.75} \geqslant 1 \tag{10'}$$

按 $\alpha_h \cdot \alpha_d^{4.75} = 1$ 绘出毛管判定线示于图 1。当点子落在曲线上方即符合式(10′)的条件。

直径加大的毛管其投资是否会超过原毛管?可由图 1 判定,图 1 中毛管判定线全部位于干管判定线之下,表明毛管 2 比毛管 1 的投资低。理论推导可以证明:直径与滴头设计水头不同(其余参数相同)的多根毛管,当极限长度相同时,直径最大、设计水头最低的毛管质量最小。推导如下:按式(6)推导过程,用内径 d 代替外径 D,令 $\alpha_d = d_2/d_1$,得

$$V_2/V_1 = \alpha_d^2 \cdot \alpha_p \tag{11}$$

令式(10′)右边等于1使二者毛管极限长度相等,注意到在此 α_h 与 α_p 等值,可得 $\alpha_d = \alpha_p^{\frac{-1}{4.75}}$,代入式(11)得

$$\frac{V_2}{V_1} = \alpha_p^{-\frac{2}{4.75}} \cdot \alpha_p = \alpha_p^{0.579} \tag{11′}$$

由于毛管2比毛管1的压力低、直径大,故 $\alpha_p < 1$,则 $\alpha_p^{0.579}$ 必小于1。因此,V_2/V_1 必小于1。证明了直径加大后压力降低的毛管投资小于原毛管。由此也说明:要增大毛管的极限长度,加大直径比增大压力更为经济。

新低压滴灌系统各级滴头设计水头的毛管,虽然直径增大,但质量却减少了;减少比例列于表4。

表4　新低压滴灌系统毛管重量减少估算

滴头设计水头(m)	0.5	1.0	1.6	2.6	4.0
毛管质量减少比例	82.4%	73.6%	65.4%	55.2%	41.2%

注:极限孔数相同的条件下,与滴头设计水头为10 m的毛管相比。

在另一些场合,如日光温室、大棚、每户经营规模不大的广大农村等,往往毛管使用长度就不大,因而直径不需加大,从而可获得更大幅度的投资节省。

5.4　下一步工作

应对新疆生产建设兵团等滴灌发展重点地区的田面高差状况进行调查分析和研究,提出一个 ΔZ 取值建议表;并在新低压滴灌系统田间生产考核及其以后的推广应用中完善该表。

在理论探讨告一段落后,应对低压滴灌系统所需设备进行全面开发。

6　考虑三种流量偏差因素的设计方法

滴灌系统的灌水质量是在设计中通过限定滴头流量偏差率来保证的。影响系统流量偏差率的因素比较多,如水力偏差、灌水器制造偏差、实际高程与设计高程的偏差(即本文所称田面高差)、滴头堵塞状况、计算公式的精度等。目前,国外在设计中有考虑水力与灌水器制造

两项偏差因素的均匀度公式（注：2007 年已证明该设计方法是错误的）；国内按行业规范规定，微灌系统设计中只考虑水力偏差一项。

对于新型滴灌系统，田面高差的影响已不能忽略；再加上水力偏差及制造偏差，本报告将提出考虑三个流量偏差因素的滴灌系统设计方法。

6.1 三个因素的流量偏差率

（1）水力流量偏差率。因管流水力比降和设计地形而形成的小区灌水器工作水头最大偏差称为水力偏差，记做 Δh，$\Delta h = h_{max} - h_{min}$，$h_{max}$、$h_{min}$分别为小区内灌水器最大、最小工作水头，m。水力偏差除以滴头设计水头，称为水力偏差率 h_{hv}，$h_{hv} = \Delta h / h_d$；因水力偏差而形成的流量偏差率称为水力流量偏差率，以 q_{hv} 表示。按行业规范（SL 103—95）对流量、水头偏差率的定义，二者的关系为

$$h_{hv} = \frac{q_{hv}}{x}\left(1 - 0.15 q_{hv} \frac{1 - x}{x}\right)$$

（2）制造流量偏差率。因灌水器制造偏差而形成的流量偏差率，称为灌水器制造流量偏差率，记做 q_{mv}；是指由于制造原因造成在同一水头下各灌水器出流量不同。本报告定义：制造流量偏差率为灌水器样本（规定为 25 个）水力试验中的最大、最小流量之差除以平均流量，即

$$q_{mv} = \frac{q_{max} - q_{min}}{q_p} = \frac{(k_{max} - k_{min}) h_d^x}{k_p h_d^x} = \frac{k_{max} - k_{min}}{k_p}$$

式中：k_{max}、k_{min}、k_p 分别为滴头水力公式中常数的最大、最小、平均值。需要指出的是，这里的制造流量偏差率与以往所提到的制造偏差（25 个滴头流量的标准差）定义是不同的，不能混淆。企业提供这个指标并不需要增加试验工作量，从原已规定的水力试验资料便可算得。

（3）高差流量偏差率，已在第 4.2 节讨论，并导出了式(5)。

6.2 流量总偏差率及其上限计算公式

流量总偏差率是上述三项流量偏差率的组合结果。不难理解，一个滴灌系统在设计完成后，上述三项流量偏差率均是确定的；但是，由于安装中具有制造偏差的各滴头分布于哪个位置是随机的，田面高差的分布不可能完全了解且每年耕地后还会有所变化。因此，三项流量

偏差率在灌区的组合结果将是不确定的、随机的，不可能在设计时对每个滴灌系统的实际流量总偏差率加以确定。但实际系统可通过田间实测资料，用克里斯琴森公式算出均匀度来评价。然而，三项流量偏差率的最不利组合结果——流量总偏差率上限却是确定的、可算的。

流量总偏差率上限只能在这样的情况下出现：当水头最大的滴头位置恰在田面高程正偏离最大处，且安装的是同一水头下流量最大的滴头；水头最小的滴头位置恰在田面高程偏离最小处，且安装的是同一水头下流量最小的滴头。流量总偏差率上限可由下式表达，即

$$q_v = \frac{k_{\max}(h_{\max} + \alpha_1 Z_v h_d)^x - k_{\min}(h_{\min} + \alpha_2 Z_v h_d)^x}{k_p h_d^x}$$

$$\approx \frac{k_{\max}}{k_p}[(1 + 0.65q_{hv})^{\frac{1}{x}} + \alpha_1 Z_v]^x - \frac{k_{\min}}{k_p}[(1 - 0.35q_{hv})^{\frac{1}{x}} + \alpha_2 Z_v]^x \tag{12}$$

式中符号意义同前。

几种情况下按式(12)计算结果列于表5。

表5　流量总偏差率上限计算参数与结果

基本数据							x	q_v 按式(12)	q_v 按式(12′)
q_{hv}	Z_v	q_{mv}	$k_{\max}/k_p$	$k_{\min}/k_p$	α_1	α_2			
0.20	0.10	0.10	1.050	0.950	0.60	0.40	1.0	0.404	0.400
							0.7	0.372	0.370
							0.5	0.351	0.350
0.15	0.07	0.05	1.025	0.975	0.60	0.40	1.0	0.271	0.270
							0.7	0.250	0.249
							0.5	0.235	0.235
0.25	0.10	0.15	1.075	0.925	0.60	0.40	1.0	0.507	0.500
							0.7	0.475	0.470
							0.5	0.454	0.450

续表 5

基本数据							x	q_v 按式(12)	q_v 按式(12′)
q_{hv}	Z_v	q_{mv}	k_{max}/k_p	k_{min}/k_p	α_1	α_2			
0.15	0.05	0.07	1.035	0.965	0.50	0.50	1.0	0.272	0.270
							0.7	0.256	0.255
							0.5	0.246	0.245

另外，还可有

$$q_v = q_{hv} + q_{zv} + q_{mv} = q_{hv} + x\Delta Z/h_d + q_{mv} \tag{12′}$$

式中符号意义同前。

按式(12′)计算的结果也列于表5。

从表中可以看出：两式计算结果差别很小，故以后可用式(12′)来计算流量总偏差率上限值 q_v。需要指出的是，流量总偏差率上限(或称流量总偏差率最大值)是三项流量偏差率所有组合中的最大值，是最为不利的组合，是个极端的小概率事件；实际出现的流量总偏差率绝大多数要比上限值小得多。

如规定了流量总偏差率上限允许值[q_v]，则可由式(12′)算得允许的水力流量偏差率[q_{hv}]

$$[q_{hv}] = [q_v] - x\frac{\Delta Z}{h_d} - q_{mv} \tag{12″}$$

6.3　流量总偏差率上限允许值建议及新低压滴灌系统设计方法说明

按式(12″)来设计滴灌系统，与现行规范相比，滴头制造偏差和田面状况得到体现，考虑因素更为全面。但是，需要规定流量总偏差率上限允许值[q_v]，允许的水力流量偏差率[q_{hv}]由式(12″)计算而不再需要规定。为此，初步提出流量总偏差率上限允许值[q_v]的建议，供新低压滴灌系统田间考核中试用，并不断修改和完善。

建议的流量总偏差率上限允许值[q_v]分为三档：0.25、0.28、0.32；设计者根据业主对灌水质量的要求及作物种类、种植水平选择[q_v]；经济效益高、种植精细、对灌水质量要求高的选小值，反之选大值。

新低压滴灌系统水力设计的做法为：

(1)根据灌区田面状况和灌水小区布置，参考 ΔZ 取值建议表选定设计灌区(或灌水小区)的 ΔZ 值。

(2)按式(7)计算滴头设计水头 h_d。考虑对滴头流量的要求，小幅度调整 h_d(不得小于计算值)，并确定滴头设计水头。根据表 2 并按就高不就低的原则选定滴灌带耐压等级；由式(5)计算出 q_{zv}。

(3)查出选定滴头的制造流量偏差率 q_{mv}。

(4)选定流量总偏差率上限允许值$[q_v]$，由式(12″)算出允许的水力流量偏差率$[q_{hv}]$。

(5)按滴灌系统的水力流量偏差率 $q_{hv} \leqslant [q_v]$ 进行管网的水力设计，与常规滴灌系统设计相同。

新低压滴灌系统其他设计内容与现行做法没有区别。

7　新低压滴灌系统开发的原则性意见

新低压滴灌系统开发是本项目后续任务，现提出下列原则性意见：

(1)新低压滴灌系统开发是指设计上遵循系统适应地形能力与田面状况相匹配的原则，其滴头设计水头 $h_d \leqslant 4.0$ m 的滴灌系统开发。

(2)滴灌带寿命：大田、温室及大棚，为一季作物；对于林、果，可为一年，也可为多年。

(3)在每个灌水小区入口处，应设置能使其下游为低压区的设备，以确保支、毛管安全工作。

(4)PVC 干管虽不属于开发内容，但要配合、协作厂家补齐缺档的管材、管件。

(5)要具备能实现自动化的升级条件。

8　结语

本研究从分析滴灌系统与设备的特点和影响滴灌系统费用最为关键的因素出发，研究探讨了滴头设计水头的取值依据、减小干管水头损失的措施、干管及系统入口水头降低幅度、滴头设计水头的确定原则与

分级、滴头设计水头降低所带来的优势与问题及解决途径与方法等。通过研究,有以下认识:

(1)滴灌系统的压力大小是影响滴灌系统投资与能耗的关键因素。

(2)现行滴灌系统滴头设计水头的取值,使滴灌系统有很大的地形适应能力;但这种能力在平整灌区(这类灌区是滴灌灌区的多数)有相当大的部分被闲置;闲置能力是滴灌系统昂贵的主因,没有必要为此付出高投入和高能耗,是一项可挖掘利用的潜力。因此,在平整灌区,滴头设计水头有很大的降低空间。按滴灌系统适应地形能力与田面状况相匹配的原则,提出滴头设计水头计算式,命名了新型滴灌系统、低压滴灌系统及新低压滴灌系统;将滴灌带耐压能力与滴头设计水头分级,并命名低压滴灌带与低压滴头;其中新低压滴灌系统滴头设计水头降低幅度可达60% ~95%,将使支、毛管的投资大幅度降低。

(3)滴灌系统的干管也可以在投资不增加(或降低)的前提下,大幅度减小其水头损失,再计入滴头设计水头的降低幅度。新低压滴灌系统的压力降低幅度可达30%或更大,干管管材至少可降低一个压力等级。不仅显著降低干管投资,也显著降低系统能耗。

(4)滴头设计水头的降低,会带来滴头流道断面尺寸的加大,从而提高抗堵塞能力。

(5)滴头设计水头降低后,会减小毛管极限长度;但可以通过加大毛管直径的办法来解决,而且比用提高滴头设计水头的办法更为经济。

(6)研究提出了考虑三因素的流量总偏差率计算式及其在系统设计中的做法,解决了滴头设计水头降低后,如何在设计中计入田面高差影响与滴头制造偏差的问题;同时使设计考虑的因素更加全面,也有利于滴头产品的优质优价。

本研究成果:在技术性能不降低(有的有提高)的前提下,为解决滴灌系统廉价与节能问题找到了突破口;构筑了新低压滴灌系统开发的理论与技术基础,为其进入设备开发做了前期准备;我们对温室、大棚、果园及新疆生产建设兵团棉花膜下滴灌等新低压滴灌系统试做了设备投资估算,投资降低幅度为30% ~70%。我们预期,新低压滴灌系统的开发成功及推广应用,会使原已使用滴灌的作物利润更为丰厚、会有更多目前使用滴灌无利可图的作物适宜采用滴灌、会有更多的农户用得起滴灌,滴灌市场容量将因此而倍增。希望由我国提出并开发的新低压滴灌系统能走向世界,让滴灌技术为增加农民收入、促进农村经济发展及缓解水资源危机发挥更大的作用。

参考文献

[1] 李光永. 世界微灌发展态势[J]. 节水灌溉,2001(2):24-27.

[2] 张国祥. 微灌毛管水力设计的经验系数法[J]. 喷灌技术,1991(1).

[3] I. 维尔米林,G. A. 乔伯林. 局部灌溉——设计、安装、操作、评价[M]. 联合国粮食及农业组织,1980:43。

[4] 中华人民共和国水利部. SL 103—95 微灌工程技术规范[S]. 北京:中国水利水电出版社,1995.

《廉价节能高效滴灌系统研究——低压滴灌系统开发基础研究》项目的论证意见

国家节水灌溉杨凌工程技术研究中心于2003年3月9日至3月10日召开了《廉价节能高效滴灌系统研究——低压滴灌系统开发基础研究》的项目论证会。与会委员认真听取了课题组的汇报,并经过质询和认真讨论,形成以下意见:

1. 该课题以低压滴灌系统为研究对象,以解决传统滴灌系统高费用的问题为目的,具有极强的针对性,对推动滴灌技术的开发和大面积推广应用具有重大的指导意义;

2. 研究从影响滴灌系统费用最为关键的压力因素出发,分析了田面高差和滴头设计工作水头之间的关系,进而确定了滴头设计水头的取值范围及分级原则,研究结果表明,滴头设计压力在许多场合存在着大幅度降低的余地,从而为降低滴灌系统工作压力提供了依据;

3. 研究建立了压力比值与管径比值的经济判据,通过管径及系统压力的合理选择在不降低滴灌技术性能的条件下,使大幅度降低滴灌系统投资成为可能;

4. 研究提出考虑水力偏差、滴头制造偏差、田面高差三因素的流量偏差计算方法,综合因素较全面,为保证低压滴灌系统的灌水质量奠定了设计基础。

综上所述,该研究成果在技术性能不降低的条件下,为大幅度降低滴灌系统投资奠定了理论基础,为低压滴灌系统的开发做了前期理论准备,丰富和完善了滴灌设计理论。

建议进一步研究压力降低后滴灌系统的水力学特性及抗堵性能，并加快低压滴灌系统的开发。

论证委员会主任：

副主任：

2003.3.10